# Astronomia:
# uma breve história

Gilberto de Melo Dumont

Luís André Lima

# Astronomia: uma breve história

1ª edição

Edição do autor

Patos de Minas – 2019

*"A Astronomia compele a alma a olhar para o alto e nos transporta deste mundo para outro"*

(Platão)

1ª edição

Todos os direitos desta edição reservados aos autores.

**Editores:** Gilberto de Melo Dumont e Luís André Lima

**Projeto Gráfico e Diagramação:** Grafipres Gráfica e Editora

**Capa:** Gabriel Côrtes

**Imagem da Capa:** Bryan Goff

**Revisão ortográfica:** Nílvio José de Melo

Dados Internacionais de Catalogação na Publicação (CIP) – Brasil
Catalogação na Fonte

D893a  Dumont, Gilberto de Melo.
Astronomia : uma breve história / Gilberto de Melo Dumont, Luís André Lima. – Patos de Minas : Edição do Autor, 2019.
204 p.

1. Astronomia - história. I. Lima, Luís André. II. Título.

CDD 520.9

ISBN 978-6500123326

# Dedicatória

Dedicamos esta obra, a todo aquele que,

>olha para o Cosmos e se emociona;
>questiona o porquê e a razão de nossa existência;
>retira de seus olhos a viseira que lhe ofusca o discernimento;
>busca por liberdade de pensamento;

Dedicamos esta obra, com o nosso mais sincero respeito,

>aos homens de coragem que, na história, fizeram história, mostrando-nos que há um Universo além de nossas pupilas.

**Os autores**

# Agradecimentos

Aos nossos familiares, pelo apoio incondicional de sempre.

Aos empresários e instituições, amigos e companheiros de longa data, que se sensibilizaram e permitiram que este livro se tornasse realidade.

Por fim, a todos aqueles que, direta ou indiretamente, fizeram com que esta obra se tornasse realidade.

Patos de Minas, dezembro de 2019

**Gilberto de Melo Dumont**
**Luís André Lima**

# Sumário

| Cientista | Época |
| --- | --- |
| Astronomia na antiguidade | 3.200 a.C. |
| Tales (Italiano) | 624 a.C. - 556 a.C. |
| Pitágoras (Grego) | 572 a.C. - 497 a.C. |
| Eudóxo de Cnido (Grego) | 408 a.C – 355 a.C. |
| Heráclides (Grego) | 388 a.C – 315 a.C. |
| Aristóteles (Grego) | 384 a.C. - 322 a.C. |
| Aristarcos (Grego) | 310 a.C. - 230 a.C. |
| Eratóstenes (Grego) | 276 a.C. - 194 a.C. |
| Hiparco (Grego) | 190 a.C. - 125 a.C. |
| Cláudio Ptolomeu (Grego) | 90 – 168 |
| Nicolau Copérnico (Polonês) | 1473 – 1543 |
| Tycho Brahe (Dinamarquês) | 1546 – 1601 |
| Galileu Galilei (Italiano) | 1564 – 1642 |
| Johannes Kepler (Alemão) | 1571 – 1630 |
| Giovanni Cassini (Italiano) | 1625 – 1712 |
| Isaac Newton (Inglês) | 1643 – 1727 |
| Henrietta Leavitt (Americana) | 1868 – 1921 |
| Albert Einstein (Alemão) | 1879 – 1955 |
| Edwin Hubble (Americano) | 1889 – 1953 |
| George Lemaître (Belga) | 1894 – 1966 |
| Carl Sagan (Americano) | 1934 – 1996 |
| Stephen Hawking (Inglês) | 1942 – 2018 |

| Divisões dos Períodos (Pré-história e História) | | | |
|---|---|---|---|
| Pré-história | Idade da Pedra | Paleolítico | Até +-3.000 a.C. |
| | | Mesolítico | |
| | | Neolítico | |
| | Idade dos Metais | Idade do Cobre | Até +-1.000 a.C. |
| | | Idade do Bronze | |
| | | Idade do Ferro | |
| Idade Antiga | Antiguidade Oriental | | Até 476 d.C. |
| | Antiguidade Clássica | | |
| | Antiguidade tardia | | |
| Idade Média | Alta Idade Média | | |
| | Baixa Idade Média | Idade Média Plena | |
| | | Idade Média Tardia | Até 1453 |
| Idade Moderna | | | De 1453 a 1789 |
| Idade Contemporânea | | | De 1789 aos dias atuais |

Adaptado pelos autores

# Sobre a obra

A ntes de tudo este livro nasce da paixão pela astronomia demonstrada por nós. Muito nos é em comum neste aspecto, pois segundo o que temos conversado desde que nos conhecemos, nossos olhos brilham desde tenra idade quando falamos sobre o universo.

Este imenso plano de estrelas, galáxias e estruturas cósmicas nos intriga e nos move a pensar e refletir sobre o porquê e a razão da existência de um universo tão grande assim.

Inclusive a circunstância que permitiu que tivéssemos ciência da existência um do outro foi exatamente a astronomia. E, poucos dias depois, já nos conhecemos pessoalmente e fizemos planos para se fundar um grupo de estudo nesta área. Aos poucos fomos descobrindo que várias outras pessoas, de nossa cidade (Patos de Minas/MG), também eram aficionadas com o Cosmos. E o mais interessante de tudo isso foi saber que eram pessoas oriundas de áreas muito diversas, não necessariamente ligadas às ciências exatas. Mas um ponto era em comum: a paixão pela astronomia. Sendo assim, no ano de 2017 ajudamos a fundar a APEPA – Associação Patense para Estudo e Pesquisa em Astronomia.

Passados dois anos desde que nos conhecemos, trocando ideias entre uma conversa e outra, veio-nos o desejo comum de colocar, na forma de livro, um breve histórico cronológico da história da astronomia. A partir deste instante começamos, então, a estruturar os conteúdos que hoje se materializam nesta obra.

Não há ineditismo nos assuntos abordados neste livro. Fomos, aos poucos, esticando a linha cronológica da astronomia, varrendo o tempo e catalogando os assuntos. Nossa subjetividade se encontra no corpo e ao longo da obra, bem como a exposição de trechos de terceiros. Obviamente se houvesse algo inédito descoberto por nós ficaríamos famosos da noite para o dia. A bibliografia pesquisada é extensa, composta de leituras em livros, acessos a sites (pessoais e de universidades), palestras proferidas por autoridades no assunto, artigos científicos, etc. As imagens colocadas neste livro já se enquadram como de domínio público. Aquelas que ainda não o são, suas fontes foram citadas.

Ultimamente, fazer cultura em nosso país não tem sido fácil. Ou talvez nunca foi. As barreiras são muitas: o custo de produção não é barato e, devido à fase pela qual o Brasil atravessa, de certa maneira ficou dificultado o apoio por parte dos órgãos governamentais. Mas, por outro lado, a sensibilidade dos empresários da área privada tem sido decisiva neste aspecto. O apoio deste setor é que tem, na maioria das vezes, feito com que obras como esta venham a ser publicadas.

Vale ressaltar, também, a sua preciosíssima contribuição, caro leitor. Você é a razão primeira da existência de uma obra. Vencemos a inércia e demos o *start* para a concretização deste projeto quando pensamos nas pessoas que, confiando em nosso trabalho e esforço, chegariam a nos ler.

Por fim, salientamos que optamos por não seguir tão à risca o rigor científico. Como as imagens são de domínio público e os textos pesquisados já por demais conhecidos, nos limitamos apenas a fazer a legenda das imagens e a simples citação da bibliografia pesquisada. Boa leitura!

**Gilberto de Melo Dumont**
**Luís André Lima**

# Prefácio

"O homem que não tem os olhos abertos para o misterioso passará pela vida sem ver nada". Esta frase de Albert Einstein muito bem descortina esta obra. Seus autores certamente se vislumbram com a maravilha e a grandiosidade do universo. Como bem dizem, faz-se necessário tornar-nos protagonistas da história, não deixando que a vida lhes passe frente aos olhos em brancas nuvens.

Podemos definir a astronomia amadora como uma paixão. Não uma paixão adolescente, efêmera e desnorteada, mas algo muito maior que vai se consolidando com o tempo. Crescem raízes em alguns temas e continua se desenvolvendo, se alimentando de um sentimento quase inexplicável de querer entender o desconhecido, enxergar o passado e viajar pelo infinito.

Os autores desta obra, Gilberto de Melo Dumont e Luís André Lima, são exemplos concretos desta paixão que nos move junto ao Cosmos. Escrever sobre astronomia, principalmente não estando profissionalmente envolvidos diretamente com o tema, é a mais nobre prova que não se trata de um simples *hobby*, mas uma atividade na qual se trabalha com dedicação total. Não se investe somente tempo e parte financeira, mas também, e acima de tudo, emprega-se a paixão por esta ciência. A astronomia faz parte das vidas dos autores deste livro.

A coragem e o empenho de Gilberto e Luís André, ao escrever esse livro, são invejáveis. A obra não trata de experiências pessoais, é um apanhado cronológico da evolução da consciência humana sobre o mundo, o espaço e o tempo, sobre o que conhecemos e ainda iremos descobrir. Cada época é retratada por meio dos cientistas que a representa, suas teorias e descobertas, suas angústias e conquistas. Da pré-história à astronomia moderna, os autores perfazem os caminhos das principais mentes humanas. De Tales de Mileto a Stephen Hawking, de Galileu a Carl Sagan, todos navegam por este mundo de ciências, história, de descobertas e inventos que nos ajudaram a entender as leis naturais, a explicar fenômenos até então assustadores e a compreender o mundo como ele é hoje, pelo menos por enquanto!

Por fim, vale salientar que, através desta obra, os autores conduzem o leitor a uma verdadeira aventura cronológica dos fatos e dos grandes nomes que marcaram época na astronomia.

**Professor Carlos Alberto Palhares**

# Introdução

Os telescópios foram e ainda são aparatos fundamentais nas descobertas e no avanço das pesquisas astronômicas. Eles foram inventados somente em 1608 e utilizados para observação astronômica a partir de 1609. Porém, podemos observar que mesmo antes da invenção de instrumentos ópticos, a humanidade já fazia suas observações a olho nu e demonstrava interesse em compreender o oniverso. Observar e buscar essa compreensão, aparentemente surgiu com a própria humanidade, e é por isso que a astronomia é frequentemente considerada como a mais antiga das ciências.

O termo astronomia tem origem no grego e significa "lei das estrelas". Juntamente com a evolução do homem a astronomia passou a reger a organização dos ciclos na agricultura, da contagem do tempo e a determinar pontos de referência para orientação na terra e no mar. Compreender a mecânica celeste foi essencial para o entendimento das estações do ano e suas influências, sendo relevante para a própria sobrevivência do homem, o qual passou a relacionar os eventos do céu a fenômenos como o início das chuvas, secas e marés.

Perceber que os astros obedeciam à uma regularidade e à regras fixas fez com que o homem começasse a contar o tempo. O Sol partia de determinado ponto e levava em seu movimento aparente o período que chamaram de dia. A Lua levava o equivalente ao que chamaram de mês. Perceberam também que o caminho aparente do Sol sobre o zênite* se deslocava até certo ponto do céu, e após um longo período retornava à posição inicial. A esse período, que levava aproximadamente 365 dias para um curso completo, chamaram de ano. Todos estes eventos aqui citados, são bastante observáveis e estão presentes em nossas vidas até os dias de hoje, embora a grande maioria das pessoas não os perceba devido às distrações cotidianas.

Os antigos, conhecendo o movimento celeste e que as estrelas se moviam em conjunto, logo notaram que havia alguns corpos que não seguiam esta mecanicidade, aparecendo em posições variadas e até mesmo caminhando para trás em algumas noites. Alcunharam estes astros de planetas, do grego *planetes*, que significa "astros errantes", ou seja, aquele que não se fixa em lugar definido. É válido relatar que os gregos, mesopotâmios e antes mesmo os egípcios, tinham o Sol e a Lua também como planetas, devido às suas movimentações. E, além deles, outros cinco eram caracterizados como errantes: Mercúrio, Vênus, Marte, Júpiter e Saturno.

O astro que se movia mais rapidamente em meio às estrelas foi chamado pelos gregos de *Hermes*, que ficou conhecido no ocidente como Mercúrio, nome romano para a mesma divindade. *Afrodite,* para os gregos, ficou conhecida como Vênus, *Ares* como Marte e *Zeus* como Júpiter, todos pelo mesmo motivo que Mercúrio. *Cronos* tornou-se Saturno, além de *Selene*, nome grego para a Lua e *Hélios* para o Sol. Os antigos consideravam o Sol e a Lua como astros errantes, e de fato eles se movem no céu. Dos considerados "planetas", num total de sete, originaram os nomes dos dias da semana em muitos idiomas. Desde 2006 a definição de planeta, definida pela IAU (*International Astronomical Union*), consiste em três características: estar em órbita do sol, ter massa suficiente para ter equilíbrio hidrostático, ou seja, assumir um formato esférico, e a última, que o astro tenha o caminho livre em sua órbita, onde objetos menores provavelmente foram atraídos pelo corpo de maior massa.

Identificamos que a associação dos astros à vida teve uma importância prática no início, prevendo a melhor época para cultivo da terra e mensuração do tempo, mas não deixou de exercer uma influência intensa na religiosidade. A crença de que deuses é que estavam associados às condições climáticas e à mecânica celeste, assim como na determinação das épocas para plantio e colheita, permaneceu intrínseca ao estudo da astronomia. Deste modo, exerceram fundamental participação na elaboração dos cultos religiosos e na predição de eventos, coincidindo, assim, com a criação da astrologia. Para a época, cerca de 3500 a.C., isso sobrepujava o valor do conhecimento e era tido como um instrumento de poder, algo vindo dos deuses. Assim como os chineses, mesopotâmios e babilônios acreditavam que os planetas influenciavam a vida de seus povos. Em meados de 500 a.C., com a incorporação da cultura babilônica pelos gregos, a astrologia é difundida pelo ocidente com a crença de que esses astros influenciavam a vida das pessoas.

O grande astrônomo Cláudio Ptolomeu (85 - 165 d.C.) desenvolveu um trabalho de astrologia intitulado *Tetrabiblos*, permanecendo como fundamento da astrologia até hoje. Podemos dizer, então, que, pautados no anseio e na necessidade de conhecimento da posição dos astros, seja pela mera curiosidade ou por crenças religiosas e místicas, é que se deu o desenvolvimento da astronomia. Que esta ciência e a astrologia se influenciaram mutuamente é bastante evidente, porém é consenso entre muitos autores que a astrologia foge ao rigor e método científico, alimentando-se por crenças e superstições. Somente após o advento do rigor científico é que houve uma clara separação no âmbito da ciência, entre astronomia e astrologia.

Diante da diversidade de alinhamentos, ainda que de forma primitiva, o processo de compreensão do universo exigiu a criação de hipóteses que se desenvolveram ao longo de nossa evolução e contribuíram para o desenvolvimento científico. Esta construção se deu a partir das observações na Pré-História, atravessando a Idade Antiga e alcançando, por fim, nas Idades Média e Moderna, grandes entendimentos. Partindo desde a mensuração do tempo, as relações com o clima e as estações, o heliocentrismo, indo até a época da elaboração das Leis de Kepler, onde termina esta fase, a qual será sucedida pelo desenvolvimento e aperfeiçoamento do telescópio. Já com este instrumento, iniciam-se os entendimentos alvissareiros de Galileu Galilei, os quais mudariam a visão do homem sobre o universo.

*"A dúvida é o princípio da sabedoria"*

*Aristóteles*

# Pré-história

# Idade Antiga

# A Astronomia na Pré-história
# e início da Idade Antiga

Incontáveis monumentos e artefatos antigos nos revelam a fascinação do homem e sua busca em compreender a dinâmica do céu. Este primeiro contato astronômico se deu ainda no período pré-histórico e consistiu na compreensão dos movimentos dos astros visíveis, sendo os monumentos megalíticos* tais como o famoso *Stonehenge* e *Newgrange*, considerados como as primeiras ferramentas utilizadas.

## Campos arqueológicos

*Stonehenge*, uma estrutura circular construída com pedras que, em média, pesa 26 toneladas cada, data de cerca de 3.000 a.C, sendo esta a época do início de sua construção, que foi realizada em três períodos diferentes e se estendeu por praticamente mil anos. O entendimento da relação dessa estrutura com o nascer e pôr do Sol no solstício de verão* garantiu a visualização de uma comunidade que se embasava na observação das efemérides* celestiais como balizador de suas práticas religiosas. Ossadas humanas foram encontradas no local, o que sugere a sua utilização para rituais, além da hipótese de um cemitério para membros de elevada posição dentro da comunidade em determinada época da existência do *Stonehenge*.

Stonehenge Fonte: https://www.gettyimages.com

Embora tenha ocorrido em época bastante distinta do período de sua construção, no Brasil identificamos uma estrutura bastante semelhante, localizada no Campo Arqueológico de Calçoene, interior do Amapá, conhecida como "Stonehenge" Brasileira. Arqueólogos acreditam que ela tenha sido construída há aproximadamente 1.100 anos e também possuísse relação com rituais indígenas referenciados pelo período dos solstícios. Os enormes blocos de rocha são dispostos numa elipse*, com cerca de 30 metros em seu maior diâmetro, permitindo acompanhar o caminho aparente do Sol. Os solstícios marcam um período de mudanças climáticas que impactam na paisagem e na abundância ou escassez de alimentos.

A datação de outras estruturas erguidas pelo homem, com a função de observar o espaço, mostra a relação do homem pré-histórico com o céu, como por exemplo, o Círculo de *Goseck*[1] que, conforme a datação dos fragmentos de cerâmica encontrados no local, indica que o mesmo foi erguido cerca de 4.900 anos a.C.

Descoberto na Alemanha em 1992, e comparado ao *Stonehenge* inglês devido à semelhança de suas estruturas, apresentou elevada importância por ser o mais antigo observatório solar da Europa e a evidência de que, no período que se estende do Neolítico (ou da Pedra Polida: X milênio a.C.), à Idade do Bronze (~3.300 a.C.), a observação era mais evoluída do que se imaginava. Encontros como esse é que têm fornecido evidências de que observações astronômicas remontam às épocas primitivas. Ainda relacionado ao Círculo, um fato curioso foi a descoberta de um artefato encontrado cerca de vinte e cinco quilômetros de distância de *Goseck*.

Círculo de Goseck - Fonte: https://www.ancient-origins.net

---

1 Sítio arqueológico localizado em Goseck, no distrito de Weissenfels (Alemanha). Vem sendo considerado como o *Stonehenge* alemão.

## Figuras que falam

Outro fato intrigante é um objeto conhecido como Disco de *Nebra*, que consiste numa placa de bronze com figuras estampadas a ouro, interpretadas pelos especialistas como o Sol ou uma lua cheia, uma lua em quarto minguante, e estrelas. A proximidade do local onde o disco foi encontrado e a semelhança com o Círculo, no âmbito de seus ângulos solsticiais, implicam que as observações astronômicas continuaram presentes naquela cultura, pois o disco foi construído mais recente que *Goseck*, por volta de 1.700 a 2100 a.C., e enterrado cerca de 1600 a.C.

Percebe-se a inclusão de figuras posteriores, de épocas diferentes e com elementos oriundos de regiões também diferentes, como é o caso dos Arcos do Horizonte, que determinam o Leste-Oeste, feitos com ouro proveniente de outra região. Depois houve a inclusão do último elemento do desenho, o que foi interpretado como uma Barca Solar[2], também com ouro de outra localidade. O Disco de *Nebra* foi um valioso achado do ponto de vista arqueológico por tratar-se de artefato tão antigo e que elucida a importância dos astros e suas influências no modo de vida de civilizações primitivas.

Outro monumento interessante na história da astronomia é *Newgrange*. Localizado na Irlanda, no Conjunto Arqueológico do Vale do *Boyne*, um dos sítios pré-históricos mais famosos do mundo, também apresenta uma semelhança com o Círculo de *Goseck* e com *Stonehenge*. Construído cerca de 3200 a.C., é ainda mais antigo que este último e possui uma relação com o solstício, onde um raio de sol da manhã, do menor dia do ano, ilumina por curto período de tempo uma espécie de santuário. Por terem encontrado restos humanos no local, acredita-se que os rituais religiosos eram orientados pelo Sol do solstício de inverno. Há ainda uma grande variedade de monumentos que foram descobertos e que estão vinculados à função de observar o espaço, mostrando a relação do homem pré-histórico com o céu, bem como à precisão de suas observações: os Menires[3], também conhecidos como perafitas, o Cromeleque dos Almendres em Portugal, cuja construção se deu do Neolítico à Idade do Ferro (~1.200 a.C.), constituindo a maior planta neolítica da Península Ibérica, com cerca de 92 Menires, os Ziguratis mesopotâmicos, com algumas construções que datam 3.000 a.C., além de registros relacionados aos assírios, egípcios, babilônios e aos chineses. Estes que, desde épocas pré-cristãs, já conheciam a duração do ano e utilizavam um calendário de 365 dias.

---

2 Era, na mitologia egípcia, um navio onde viajavam os deuses.
3 Monumento pré-histórico de pedra, cravado verticalmente no solo.

# A Astronomia na Idade Antiga

Os Mesopotâmios, povos que viveram entre os rios Tigre e Eufrates (atual Iraque) foram os primeiros a se destacarem no estudo da astronomia. Influências como a aritmética, envolvendo tempos e distâncias angulares, foram deixadas por eles aos gregos. A Grécia foi o palco para o ápice da ciência antiga, de 600 a.C. a 400 d.C.. O esforço dos gregos em conhecer o Cosmos, somado ao conhecimento herdado pelos povos mais antigos, foi o suficiente para que criassem seus modelos geométricos e determinassem com precisão as efemérides celestes. Os níveis de conhecimentos, adquiridos nessa época, só foram ultrapassados no século XVI.

## Cálculos precisos

Embora os gregos não tenham documentado de forma científica suas observações sobre os movimentos aparentes do céu, é evidente que o fizeram de forma rigorosa, dado às aferições quase precisas que deixaram como, por exemplo, o cálculo do raio da Terra, bastante próximo ao do cálculo moderno.

Platão (428 - 347 a.C.) propôs em seu livro *República* (Livro VII) a existência de uma esfera de material cristalino, com a presença de estrelas com a Terra no centro rodeada pela Lua, Sol, Mercúrio, Vênus, Marte, Júpiter e Saturno. Os gregos imaginavam que a esfera celeste girava em torno de um eixo que passava pela Terra. O avanço grego se deve aos grandes filósofos e à uma maior liberdade de pensamentos e de religião, diferentemente dos mesopotâmios, cujo modo de pensar os limitava a avançarem neste processo.

No trecho da obra *Os Trabalhos e os Dias*, do poeta grego Hesíodo, que viveu por volta do século VII a.C., identificamos a grande influência dos estudos do céu nas atividades humanas daquela época.

*"Ao despertar das Plêiades, filhas de Atlas, dai início à colheita, e ao seu recolher, à semeadura. Ordenai a vossos escravos que pisem, em círculos, o trigo sagrado de Deméter, tão logo surja a força de Órion, em local arejado e eira redonda. Quando Órion e Sírius alcançarem o meio do céu, e que a Aurora dos dedos de rosa conseguir enxergar Arcturo, então, Perseu, colhe e leva para casa todos os cachos das uvas".*

(Coleção Explorando o Ensino – Astronomia – Vol.11 – 2009)

## Influência dos astros

A posição dos astros era compreendida não como o marco do início e do fim, mas como se estas posições influenciassem diretamente, provocando as ocorrências climáticas. Ainda assim, esta compreensão corroborou para o aprimoramento das técnicas de plantio e, graças a isso, a civilização obteve êxito em sua evolução e dispersão. Talvez, devido à esta influência sobre os acontecimentos terrestres, o céu tenha adquirido o caráter divino que hoje conhecemos.

Atualmente esta influência dos antigos pode ser notada também no nome dos dias da semana em diversos idiomas, como mostra o quadro abaixo:

| Mesopotâmia | Inglês | Francês | Espanhol |
| --- | --- | --- | --- |
| Dia da Lua | Monday | Lundi | Lunes |
| Dia de Marte | Tuesday | Mardi | Martes |
| Dia de Mercúrio | Wednesday | Mercredi | Miercoles |
| Dia de Júpiter | Thursday | Jeudi | Jueves |
| Dia de Vênus | Friday | Vendredi | Viernes |
| Dia de Saturno | Saturday | Samedi | Sabado |
| Dia do Sol | Sunday | Dimanche | Domingo |

No Egito antigo havia um mundo profundamente mitológico, porém com noções observacionais bastante assertivas. Verificaram que o céu possuía um movimento aparente em torno do Polo Norte Celeste. Assim, para a construção das pirâmides levavam em consideração o alinhamento a Norte, com uma das faces virada para este lado. Os Faraós buscavam nesta orientação, as guardas da Ursa Maior[4]. Após o alinhamento, as partes laterais da pirâmide eram então construídas perpendicularmente às faces que ficavam para as regiões Norte e Sul.

Já na América, precisamente na América Central, ainda na Idade Antiga, os Maias também tinham conhecimentos do calendário e de fenômenos celestes. O observatório mais antigo descoberto nas Américas é o de *Chankillo*, no Peru, construído entre 200 e 300 a.C.. Na Oceania os polinésios, cujas navegações datam do início da Idade Antiga, as faziam por meio de observações e orientações celestes.

---

4 Grande e famosa constelação do hemisfério celestial norte.

**As treze torres de Chankillo**
Crédito: Juancupi, disponível em https://commons.wikimedia.org/w/index.php?curid=51818027

# Tales de Mileto
### (~624 – 556/558 a.C.)

Astrônomo, filósofo e matemático da Grécia, é considerado pelos estudiosos como sendo um dos sete sábios da Grécia Antiga. Nasceu em Mileto, antiga colônia grega na Ásia Menor, atual Turquia. Muito do que se tem conhecimento sobre o pensamento e a filosofia da Grécia pré-socrática (antes de cerca de 400 a.C.) vem de segunda mão, ou seja, são traduções ou conteúdos de autores que chegaram até nós de forma fragmentada. E com Tales não é diferente.

Ele foi um dos fundadores da Escola Jônica de Filosofia[5], além de ter introduzido na Grécia fundamentos de astronomia e geometria trazidos do Egito. Antecipou teorias evolucionistas

**Tales de Mileto**

ao afirmar que o mundo teria surgido da água e que desta substância teria ocorrido uma evolução por processos naturais. E isso se deu cerca de 2.400 anos antes de Charles Darwin[6]. Tales está como o precursor do pensamento filosófico, onde pensou a matéria livre das interferências divinas e invocações a deuses como era pensada antes. Inaugurou o método de observação e especulação diferente das explicações teológicas e religiosas que vigoravam na época. Explicou que o Sol e as estrelas não eram deuses, fornecendo explicações naturais sobre o mundo. A ele são atribuídos muitos teoremas matemáticos, e os destaques entre seus discípulos estão Anaximandro, Anaximenes e Anaxágoras.

---

5 Localizada na cidade de Mileto, na Jônia, nos séculos VI e V a.C.
6 Naturalista, geólogo e biólogo britânico (1809 – 1882); célebre por seus avanços sobre evolução nas ciências biológicas.

## O controverso eclipse

Sendo um dos primeiros filósofos a estudar astronomia, suas observações sobre o Sol e Lua contribuíram para o entendimento de que a Lua era iluminada pelo Sol e, embora exista controvérsias, atribui-se a sua fama, à previsão de um eclipse solar no ano de 585 a.C.. Conta a lenda que lídios e persas guerreavam-se durante um longo período, sem vitória de qualquer um dos lados, quando, em 585 a.C., diante do eclipse previsto por Tales, os reis emocionaram-se e, impressionados, pararam a luta. Um acordo pacifista foi instituído e Tales proclamado sábio pelo Oráculo de Delphi* (582 a.C.), sendo esta honra ao fato da previsão deste eclipse solar.

Embora seja um bonito conto, é difícil dar credibilidade a ele. Os escritos de Tales não chegaram ao nosso tempo, sendo suas ideias conhecidas através de citações por outros autores como, por exemplo, Aristóteles e Heródoto, onde este último atribui a Tales a previsão do eclipse em 585 a.C.. Astrônomos modernos acreditam que este fenômeno tenha ocorrido em 28 de maio do ano mencionado. Historiadores de astronomia antiga concordam que babilônios não tinham descoberto ainda o Ciclo de Saros, que compreende um período médio de eclipses. Portanto, Tales não poderia ter aprendido com eles.

Como Tales previu este eclipse? Teria dado um palpite e sido feliz com a coincidência? Também difícil de aceitar. Conclui-se, então, que Tales não tenha previsto este eclipse, pois ainda não possuia o conhecimento necessário para esta realização. Talvez ele mesmo tenha alegado ter realizado a previsão ou o público fora induzido a acreditar nisso. O que embasa essa teoria da não aceitação é o fato de, embora interpretar que a Lua era iluminada pela Sol, para Tales o nosso planeta era um disco plano flutuando sobre o oceano.

A figura abaixo trata do teorema matemático atribuído a Tales (Teorema de Tales) que afirma que "quando duas retas transversais cortam um feixe de retas paralelas, as medidas dos segmentos delimitados nas transversais são proporcionais". Na figura se lê: O segmento AD está para o BD, assim como AE está para EC, ou seja, AD:DB::AE:EC, sendo as razões entre ambos iguais. Dentre as frases mais famosas de Tales, pode-se citar: "A água é o princípio de todas as coisas".

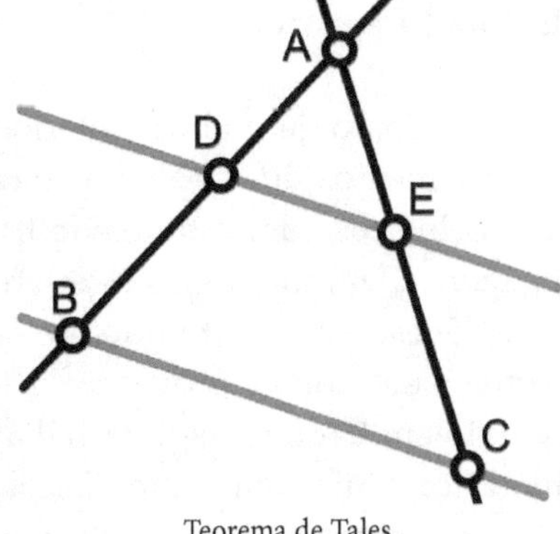


Teorema de Tales

# Pitágoras de Samos

## (~570 a.C. – 497 a.C.)

Pitágoras de Samos

Nascido na Ilha de Samos, no mar Egeu, boa parte da história da vida de Pitágoras se divide com lendas e mitos. Isto se deu porque sua filosofia tinha um caráter secreto e não deixou obras escritas, por isso pouco se sabe sobre suas realizações. Seus conhecimentos eram repassados verbalmente. Outro fator que reforça este aspecto é que ele acreditava que o divino se manifestava através dos números, associando aos seus estudos abordagens místicas.

Pitágoras, assim como muitos outros filósofos, viajou por inúmeros países. Sua principal ideia era de que o universo era governado pela matemática e seria formado por quatro elementos (terra, água, ar e fogo). Foi orientado por um dos maiores filósofos pré-socráticos (Tales de Mileto) e ainda jovem foi estudar no Egito, aprendendo sobre geometria, triângulos e astronomia. Depois foi para a Babilônia, onde por cerca de dez anos estudou com sacerdotes.

## Escola Pitagórica

Como já vimos anteriormente, os babilônios possuíam grandes conhecimentos de astronomia e também de matemática. Há alguns achados arqueológicos com estudos de triângulos retângulos* dois séculos antes de Pitágoras. Durante todos estes anos de ensinamento ele formou sua própria consciência sobre o mundo, de si próprio e do divino. Quando retornou à Samos suas ideias provectas o levaram a ser perseguido, tendo buscado refúgio em Crotona (sul da Itália) onde fundou a escola de caráter místico-filosófica conhecida como "Escola Pitagórica". Exerceu grande influência e ali gerou incômodos políticos, tendo que se explicar aos senadores sobre sua doutrina. Ministrou aulas a seus seguidores, denominados de pitagóricos, nas áreas de matemática (aritmética e geometria), filosofia, política, música, religião, moral e astronomia. Acredita-se que ele tenha criado a palavra Filosofia (amor à sabedoria) e matemática (o que é aprendido).

Ao ingressarem na escola, os membros doavam seus bens, juravam não revelar suas descobertas, seguiam o vegetarianismo e outras regras de comportamento, além de passarem os primeiros cinco anos em silêncio, somente ouvindo o seu mestre. Os pitagóricos, além de levarem uma vida simples, acreditavam que o silêncio facilitava a recepção dos pensamentos divinos por meio da reflexão.

Para Pitágoras a harmonia e a ordem eram representadas pelos números, os quais ditavam a essência de todas as coisas. Tal afirmação teria surgido da observação entre a harmonia dos acordes musicais. Os pitagóricos atribuíam à matemática uma estrutura mística e também espiritual, desenvolvendo, assim, uma concepção espiritual da existência humana, com consideração à alma. No âmbito da astronomia seus estudos afirmaram a esfericidade da Terra, da Lua e de outros corpos celestes. Era uma reflexão pouco abordada na época e que todos eles estavam suspensos no espaço. Além da esfericidade do nosso planeta, avançou quanto ao deslocamento dos astros utilizando de conceitos matemáticos, astronomia e música, associados à mecânica celeste, ficando essa abordagem conhecida como "Teoria da Harmonia das Esferas".

Parece ter sido o primeiro a reconhecer que a "estrela" matutina (estrela D'alva) e a "estrela" vespertina (Vésper ou Hésper), era o mesmo astro, ou seja, o planeta Vênus. Há estudiosos que atribuem a ele a descoberta análoga, onde Apolo (astro visível pela manhã) e Hermes (visível à tarde) seriam também um astro único: Mercúrio. Observa ainda que Sol, Lua e os planetas não possuem o mesmo movimento uniforme das estrelas, e que o brilho da Lua era a luz refletida do Sol.


## Famoso teorema

É atribuído a Pitágoras o teorema do triângulo retângulo, conhecido como Teorema de Pitágoras, um dos mais importantes teoremas da geometria, representado pela fórmula ($a^2 = b^2 + c^2$). A fórmula anterior é enunciada da seguinte maneira: *"Num triângulo retângulo, a soma dos quadrados de seus catetos equivale ao quadrado de sua hipotenusa"*.

Embora já se saiba que os babilônios tinham conhecimento sobre os triângulos, Pitágoras foi o responsável por apresentar utilidade prática e aprofundamento desses estudos. É creditada a ele a primeira referência ao céu como Cosmos. Dentre as célebres frases do matemático uma de destaque é: *A matemática é o alfabeto com o qual Deus escreveu o universo*. O filósofo veio a falecer em Metaponto, na região sul da Itália, não se sabe ao certo quando, mas acredita-se que por volta de 497 a.C..

# Eudoxo de Cnido
## (~408 a.C. – 355 a.C.)

Matemático, filósofo e astrônomo, Eudoxo nasceu em Cnidus, na Ásia Menor. Assim como muitos filósofos, viajou muito, estudando com Platão em Atenas, depois no Egito, e construindo um observatório próprio ao retornar à sua terra. Foi o primeiro a propor um ciclo solar de quatro anos, com três anos de trezentos e sessenta e cinco dias e um ano de trezentos e sessenta e seis. Este ciclo foi colocado em prática pelo imperador Júlio César (100 a.C. – 44 a.C.), sendo denominado de Calendário Juliano, cerca de três séculos depois.

Eudoxo

    A maior contribuição de Eudóxo foi a elaboração de um sistema de esferas homocêntricas (mesmo centro) apresentando uma explicação para os movimentos irregulares dos astros. Nesta explicação havia quatro esferas: a primeira, com um período de um dia e com um eixo polar produzindo o movimento de leste para oeste; uma segunda esfera, com rotação oposta à primeira; uma terceira esfera, produziria o movimento retrógrado dos planetas e a quarta e última, estaria ligada à terceira esfera e seria responsável pela inclinação dos planetas ao plano da eclíptica*. A Terra permaneceria imóvel no centro e, embora sofisticada, essa teoria explicava o movimento dos planetas de modo aproximado, com grandes divergências no caso de Marte, com seu movimento retrógrado*.

    Estava alinhado com o pensamento da época, com a Terra no centro do Universo, e seu modelo de esferas homocêntricas viria a ser aperfeiçoado por Aristóteles, solidificando a visão geocêntrica por séculos. Não se sabe se Eudoxo acreditava na existência física das esferas assim como Aristóteles.

# Heráclides de Pontus
## (388 a.C. – 315 a.C.)

Heráclides nasceu em Heraclea Pontica (atualmente Eregli, Turquia), filho de Eutifron, homem rico e de elevado *status*, descendente de fundadores da cidade grega na costa sul do Mar Negro. Heráclides frequentou a Academia de Atenas[7] e foi responsável por ela durante a terceira visita de Platão à Sicília, em 360 a.C.. Embora seja considerado um discípulo de Platão, estudou também com Aristóteles e com Speusippus, sucessor de Platão.

Heráclides de Pontus é considerado como o primeiro a propor assertivamente, que a Terra gira em torno do seu próprio eixo diariamente, dando entendimento ao movimento de rotação, assim como a existência de epiciclos. Estes são um sistema onde todos os outros objetos celestes se movem em círculos perfeitos ao redor da Terra que se encontra no centro (geocentrismo). Embora fosse assertiva a rotação diária da Terra, proposta por Heráclides, foram as ideias de Aristóteles que prevaleceram pelos séculos seguintes, as quais propunham uma Terra imóvel. Houve atribuições a Heráclides de que ele tivesse proposto que o Sol era o centro do Sistema Solar (heliocentrismo). Porém, isso se deu devido a uma má interpretação de seus escritos. Na verdade, ele acreditava que Vênus e Mercúrio orbitavam o Sol e que este orbitava a Terra, que para ele era o centro do Universo.

Alguns autores interpretaram que ele tivesse concluído o mesmo para os outros planetas, o que não é verdade. Além da astronomia, escreveu sobre temas de abordagem habitual para um filósofo como ética, literatura, retórica, história, política e música. Faleceu em sua cidade natal.

Heráclides

---

7 Academia fundada por Platão, aproximadamente em 384/383 a.C.

# Aristóteles de Estagira
### (384 a.C. – 322 a.C.)

Aristóleles

Nasceu em Estagira, Macedônia, e foi discípulo de Platão. Acreditava num Universo finito e esférico e, assim como proposto por Pitágoras, composto por quatro elementos básicos: água, terra, fogo e ar. A Terra era imóvel e ocupava uma posição central, e os demais planetas estavam fixados em esferas, adotando, assim, o modelo de esferas homocêntricas de Eudoxo de Cnido. Contudo, Aristóteles acreditava que estas esferas eram reais e feitas de cristais transparentes. Desenvolveu o modelo de Eudoxo acrescentando-lhe mais esferas.

Aristóteles explicou, também, que as fases da Lua dependem do quanto da face desta, iluminada pelo Sol, está voltada para Terra. Deu explicação para os eclipses, onde o solar ocorre quando a Lua passa entre o Sol e a Terra, e o lunar acontece quando a Lua entra no cone de sombra produzido pela Terra. Argumentou a favor da esfericidade da Terra, já que a sombra produzida na Lua durante um eclipse lunar é sempre arredondada.

## Os "astros errantes"

Aristóteles aperfeiçoou a ideia de esferas concêntricas proposta por Eudoxo e alcançou êxito e credibilidade com seu modelo estático para a Terra. Porém, este modelo não explicava o caráter dinâmico nem as variações de velocidade de sete pequenas exceções: os astros errantes. Estes astros não se comportavam como os demais, os quais apresentavam uma dinâmica fixa e perfeita em torno da Terra. Estes sete astros eram: Lua, Sol, Mercúrio, Vênus, Marte, Júpiter e Saturno. Como já vimos, o termo planetas vem do grego *planetes*, que significa errante, ou seja, aquele que muda de lugar. Diferentemente das estrelas, que sempre apareciam em posições fixas na abóboda celeste, os astros errantes faziam movimentos não compreendidos, inclusive em um movimento retrógrado, como no caso de Marte. Lua e Sol, por também apresentarem deslocamento errante na abóboda celeste, eram considerados como planetas. O movimento errante dos planetas viria a ter uma primeira explicação convincente somente no século II d.C., com o trabalho de Cláudio Ptolomeu.

Aristóteles ainda estabeleceu uma configuração com a Terra no centro do Universo, com água à sua volta. O ar estaria diretamente acima da terra e da água, e acima do ar, o último elemento atmosférico: o fogo. Explicava que naturalmente fogo e ar sobem, enquanto a terra e a água caem em busca das suas posições naturais. Sua tese do geocentrismo (a Terra no centro do Universo) trazia um embasamento nesta teoria da busca pelos movimentos naturais e, como a Terra era vista como pesada, teria que estar no centro, a posição natural de um corpo pesado. Assim, a Terra estaria no centro do "universo", seu lugar natural. O geocentrismo era um pensamento comum e praticamente unânime à época de Aristóteles. Uma exceção foi Aristarco de Samos (320 a.C. - 230 a.C.) – sobre o qual trataremos a seguir - e que propunha que o Sol é que estava no centro do Universo e a Terra girava em torno dele, ou seja, o heliocentrismo.

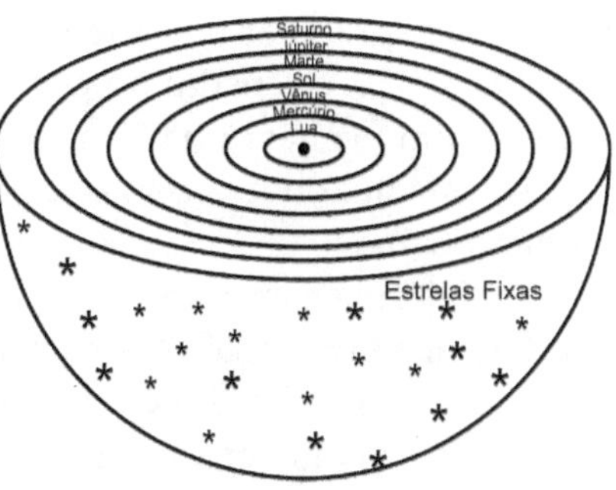


Universo Aristotélico. Os astros celestes estão colados em esferas concêntricas com a Terra imóvel ao centro.

## Finito e sem vazio

Outra ideia que Aristóteles utiliza, para fundamentar seu modelo estático para a Terra, consiste no pensamento do mundo fechado e finito, porém eterno. O universo seria finito, um corpo que tem limites, porém eterno, não foi criado, não teve um nascimento e não terá um fim, sempre existiu e sempre existirá. É desta forma que defende a ideia do movimento eterno, onde sempre existiram corpos em repouso e corpos em movimento. A Terra, para Aristóteles, estaria em repouso no centro do "universo", enquanto que os outros corpos estariam em movimentos circulares ao redor da Terra.

Outra característica do pensamento aristotélico era a de que o espaço é pleno e não há o vazio. Se o vazio existisse seria necessário admitir o "não ser", sendo para ele uma contradição lógica e justificando assim, de forma metafísica, o "quinto elemento" ou o chamado "éter". Este elemento seria o responsável por preencher todo o espaço entre os corpos celestes e, inclusive, ser o componente destes corpos e que, por isso, eles não se deterioravam e permaneciam imutáveis, a não ser pela translação. Ao contrário, na região abordada como sublunar (antes da Lua), como veremos a seguir, os quatro elementos básicos (água, terra, ar e fogo) eram expostos à toda mutação e transformações.

Aristóteles, em seu tratado *Do Céu*, aborda uma separação real e física da região supralunar (além da Lua) e a sublunar. Não poderia um material daquela região, e constituído por éter, vir para a Terra, assim como não seria possível um elemento da Terra ir para aquela região. Desta forma haveria um isolamento, onde o céu, composto de éter (incorruptível), não poderia ser misturado à Terra.

Iniciada por Eudoxo, apoiada por outros astrônomos da época e aperfeiçoada por Aristóteles, com sua tese das posições naturais e do éter (ou quinto elemento), consolida a explicação do geocentrismo, que ainda viria a alcançar uma maior expressão no *Almagesto*, obra de Cláudio Ptolomeu. Esta visão do universo, apresentada por Aristóteles, permaneceu por quase dois mil anos. Ainda hoje, quando nos referimos ao modelo onde a Terra está imóvel no centro do universo, dizemos *modelo aristotélico*. A separação dos "mundos" em sublunar e supralunar, estabelecida por ele, só foi refutada por Isaac Newton, já no século XVII. Fica evidente a relevância que os estudos apresentados por Aristóteles tiveram nas diversas áreas do conhecimento.

# Aristarcos de Samos
### (310 a.C. – 230 a.C.)

ristarco nasceu em Samos, na Grécia. Não teve o devido reconhecimento como matemático, talvez devido à sua atuação como Astrônomo. Suas reflexões no escopo da astronomia foram tão representativas que seu nome foi atribuído à uma das crateras da Lua. Dentre estas reflexões está a conclusão da organização do Sistema Solar, sendo o primeiro a propor um modelo heliocêntrico, antecipando Copérnico em quase dois mil anos. Até então, os modelos propostos estavam embasados nas conclusões Pitagóricas e de Heráclides, onde a Terra estaria no centro do Universo, mas apresentaria rotação e, pelo menos Mercúrio e Vênus, estariam girando em torno do Sol, que por sua vez girava ao redor da Terra.

Aristarcos de Samos

Para Aristóteles, como já vimos anteriormente, tínhamos um modelo geostático e geocêntrico. Aristarco foi além, ao afirmar que o movimento destes corpos poderia ser melhor descrito se considerássemos que todos os planetas, incluindo a Terra, girassem em torno do Sol. Este modelo heliocêntrico foi considerado ousado demais e Aristarco foi acusado de insulto religioso, mas não gerou medidas como as que seriam tomadas na inquisição e atemorizaria Copérnico (1473 – 1543) e Galileu (1564 – 1642). Os escritos de Aristarco, sobre o tema, se perderam e o conhecimento de suas ideias se deu porque estas foram mencionadas pelo matemático Arquimedes (Siracusa, 287 a.C. – 212 a.C.). Porém, algumas de suas obras sobreviveram ao tempo e chegaram até nós. Em seu livro *"Sobre os Tamanhos e as Distâncias do Sol e da Lua"*, Aristarco buscou determinar a distância Terra-Lua em relação à distância Terra-Sol embasado no triângulo retângulo formado por estes três astros no início do quarto crescente.

## Analisando sombras

Embora os valores encontrados por Aristarco estivessem incorretos (Aristarco concluiu que o Sol estava 20 vezes mais distante que a Lua, e atualmente sabe-se que está cerca de 400 vezes), o procedimento estava correto, e o equívoco se deve à imprecisão dos instrumentos disponíveis na época. Aristarco procurou calcular o diâmetro da Lua em relação ao da Terra, baseando-se na sombra projetada no nosso satélite durante um eclipse lunar. Assim, concluiu que o diâmetro da Lua era três vezes menor que o da Terra, com erro de sete décimos. Já para o Sol, diante do dado anterior, concluiu que ele tinha sete vezes o diâmetro da Terra. Atualmente sabemos que o diâmetro da Terra não chega a 1% do diâmetro do Sol, porém o problema não estava no método de cálculo utilizado por Aristarco, mas na imprecisão dos instrumentos daquele tempo.

Assim, embora existam erros da ordem de grandeza nos resultados assumidos por Aristarco, isso teve pouca importância frente às suas ideias as quais se alinhavam com a dinâmica celeste correta identificada somente na astronomia moderna. Dotado de bom senso, percebeu assertivamente que a Terra era maior que a Lua e que o Sol era maior que a Terra, e se a Lua, sendo menor, girava em torno da Terra, esta, sendo menor que o Sol, giraria ao seu redor. O modelo heliocêntrico, proposto por Nicolau Copérnico, toma a ideia original proposta por Aristarco cerca de dezoito séculos antes.

# Eratóstenes de Cirene

## (276a.C – 194 a.C.)

**Eratóstenes de Cirene**

Eratóstenes nasceu em Cirene (ou Cirênia, atual Líbia) e, além de astrônomo, foi historiador, geógrafo, matemático, crítico teatral e poeta. Estudou em Alexandria e Atenas e, por volta de 255 a.C., foi o terceiro diretor da Biblioteca de Alexandria. Eratóstenes escreveu vários tratados, sendo o de maior destaque *"Sobre a posição das estrelas"*. Embora tenha escrito inúmeros livros, quase todos foram perdidos no incêndio desta biblioteca e sabe-se da existência dos mesmos por citações em obras de outros autores. Este posto administrativo deu-lhe acesso à inúmeras obras e escritos, contribuindo para a sua mais importante realização: medir as dimensões da Terra.

Eratóstenes tomou conhecimento de que na cidade de Siena (atualmente Assuão, sul do Egito), distante 800 quilômetros de Alexandria, ao meio dia de 21 de junho (solstício), o fundo de um poço era totalmente iluminado pelo Sol, ou seja, o Sol estaria a prumo. Ficou surpreso ao verificar que no mesmo dia e hora, este fato não ocorria em Alexandria, e que havia a projeção de uma sombra, com cerca de 7° (sete graus) de inclinação. Por que seriam diferentes as sombras ao mesmo dia e à mesma hora? De forma intuitiva, concluiu que a Terra era redonda; se fosse plana, o ângulo de incidência das sombras seria igual em toda a superfície da Terra. O raciocínio de Eratóstenes pode ser representado pela figura abaixo:

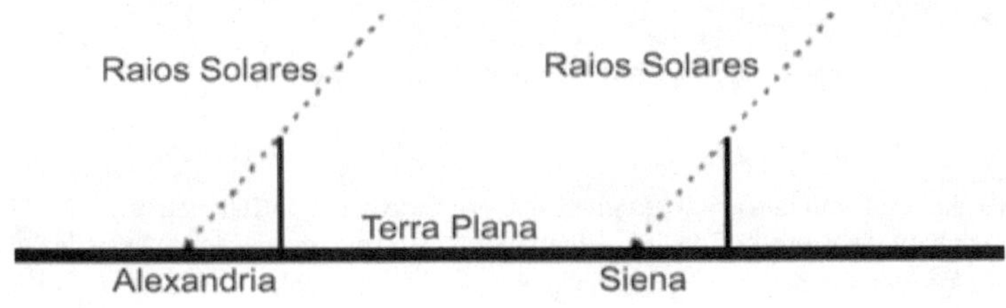

## Margem de erro

Tendo Eratóstenes conhecimento de que a distância de Alexandria a Siena era de 4.900 estádios[8] (~800 km), e que o deslocamento do Sol a sul era de sete graus, tinha-se uma circunferência de 41.142 km. O diâmetro consiste em dividir este valor por $\pi$[9], nos dando 13.102 km. Com os métodos modernos sabe-se que a Terra possui um diâmetro de 12.742 km, bem próximo ao encontrado por Eratóstenes. Outra forma de verificar estas equivalências de medidas é que um camelo caminhava 100 estádios por dia; e sabemos que um camelo caminha cerca de 16 km em um dia, assumindo o valor de 160 metros por estádio. Ainda que varie dentro de valores defendidos por diferentes literaturas, que seria entre 154 e 200 metros por estádio, Eratóstenes não teria apresentado erro maior que 10%, o que ainda é digno de nota. Tomou-se um estádio como o equivalente a 1/6 km. Assim, o valor encontrado está a 1% do valor correto.

Mais tarde, Ptolomeu referiria que Eratóstenes mediu o desvio do plano da eclíptica relativa ao equador celeste com grande precisão (11/83 de 180°), o que significa 23° 51' 15", bastante próximo ao que atualmente é aceito (23° 27' 30"). Conta-se que Eratóstenes veio a ficar cego no fim de sua vida, tendo se suicidado à fome em consequência deste acontecimento.

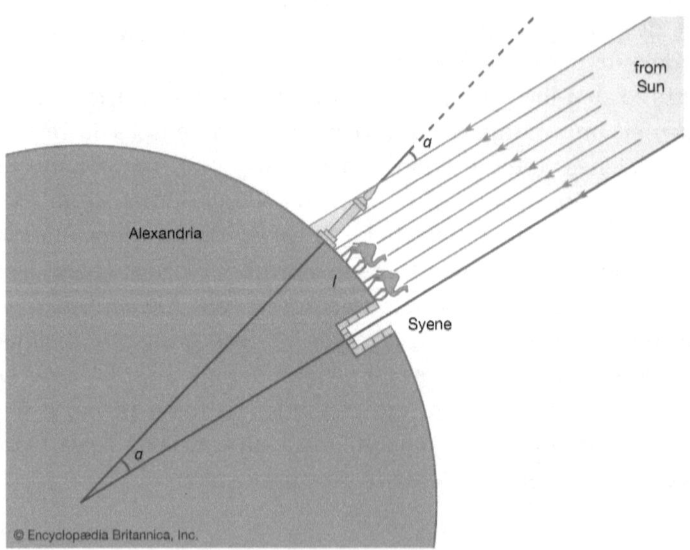


**Crédito: https://www.britannica.com**

---

8 Medida grega que equivale a 600 pés gregos, assumindo cerca de 160 metros.
9 Letra grega a qual é pronunciada "pi". Na matemática, corresponde ao número de valor aproximado a 3,14.

# Hiparco de Niceia
### (190 a.C. – 125 a.C.)

**Figura Ilustrativa**

Nasceu em Niceia, na Bitínia (hoje Iznik, na atual Turquia). Foi um grande astrônomo grego da escola de Alexandria. Considerado o maior astrônomo da era pré-cristã e o fundador da astronomia científica, teve participação considerável também na trigonometria, herdada dos babilônios. Dividiu o círculo em 360 partes iguais, cada uma sendo chamada de grau, e a divisão do grau em sessenta minutos, e estes em sessenta segundos. Acredita-se que o desenvolvimento dos cálculos tenha sido para utilização na astronomia. Ele foi considerado uma figura que marcou a transição da astronomia babilônica e a obra de Ptolomeu. Rejeitava a teoria heliocêntrica de Aristarco de Samos e criticou as obras de Eratóstenes.

## Catalogando estrelas

Hiparco construiu um observatório na Ilha de Rodes[10], tendo realizado observações no período que compreende entre 160 e 127 a.C. Estas observações permitiram-lhe compilar um catálogo de estrelas (cerca de 850), com a posição no céu e a sua "grandeza", hoje compreendida como magnitude. Esta forma de especificar a intensidade do brilho aparente das estrelas é utilizada até os dias de hoje pelos astrônomos. Este levantamento de Hiparco foi utilizado por Cláudio Ptolomeu como base para construir seu próprio catálogo. A compilação de Hiparco só foi superada muito tempo depois, no século XVII, pelo que foi catalogado por Tycho Brahe.

Outra impressionante descoberta, digna de nota, realizada pelo astrônomo, é a da precessão dos equinócios, ou seja, do movimento cíclico ao longo da eclíptica, causado pela ação do Sol e da Lua sobre a direção do eixo

---

10 Maior das ilhas Dodecanesas da Grécia.

de rotação da Terra, e que tem um período de cerca de 25.772 anos. Para tal feito, Hiparco comparou as posições de várias estrelas em sua época com as catalogadas pelos astrônomos gregos Timocharis e Aristyllus de Alexandria, cerca de 150 anos antes (300 a.C.).

Com o registro feito por Timocharis, da posição da estrela *Spica* (em 273 a.C.), onde esta situava-se a 172° do ponto vernal*, Hiparco pode fazer uma comparação, no ano de 129 a.C., notando que *Spica* estava apresentando um deslocamento de 2° em relação ao ponto vernal. Tendo a Terra como estática, Hiparco constatou um deslocamento angular da esfera celeste em relação ao ponto vernal, descobrindo, assim, que os pontos em que a trajetória aparente do Sol cruza o equador celeste mudam com o tempo, ou seja, antecipam-se em relação aos anos passados, derivando o termo precessão, onde os equinócios futuros precedem os passados.

Hiparco ainda criou um sistema chamado de Bastão de Tiago, com um guia e um cursor sobre uma régua e utilizado para medir ângulos. Usou este bastão para medir o diâmetro aparente do Sol e da Lua, bem como determinou as coordenadas celestes das estrelas. Chegou ao valor correto de 8/3 para a razão entre o tamanho da sombra da Terra e o tamanho da Lua e que esta estava a uma distância de 59 vezes o raio da Terra (o valor correto é 60). Com grande assertividade também calculou a duração do ano, com uma margem de erro de 6 minutos.

## Astrolábio e cartografia

Outra criação de Hiparco foi o astrolábio, instrumento para medir a distância angular de um astro em relação ao horizonte, e com base na graduação sexagesimal do círculo, oriunda dos babilônios, definiu a rede de paralelos e meridianos do globo terrestre, criando o sistema de localização pelo cálculo de longitude e latitude. Todas estas informações foram elementares para a cartografia, e o astrolábio foi, por muito tempo, utilizado como instrumento para a navegação marítima com base na identificação da posição das estrelas.

Hiparco fez trabalhos que surpreenderam, e sem nenhum instrumento óptico para tal. Seu único trabalho escrito que sobreviveu foi o *Comentário sobre Aratus e Eudoxo*, com três obras, além das citações que aparecem principalmente na obra *O Almagesto*, de Cláudio Ptolomeu.

Em 1989, a Agência Espacial Europeia (ESA) lançou um satélite chamado *Hipparcos*, um acrônimo para Satélite de Coleta de Paralaxe de Alta Precisão ou *The High Precision Parallax Collecting Satellite*, na notação em inglês. Este instrumento também é uma referência ao astrônomo antigo Hiparco de Niceia. O satélite era dedicado à astrometria de precisão e o resultado foi um catálogo moderno com mais de 118.200 estrelas, publicado em 1997.

# Cláudio Ptolomeu
### (90 d.C. – 168 d.C.)

Cláudio Ptolomeu nasceu no Egito. Aparece como o último astrônomo importante da antiguidade, com grandes contribuições para a Ciência, não somente na área da astronomia, mas também na matemática e na geografia. Foi alcunhado pelos estudiosos de História da Astronomia como o "Príncipe dos Astrônomos".

## O Almagesto

Ptolomeu compilou uma série de treze volumes sobre astronomia e com um valor inestimável para os historiadores de

Cláudio Ptolomeu

Ciência, denominado de *O Almagesto*, que significa "O Grande Tratado". Este compilado foi a maior fonte de conhecimento sobre astronomia na Grécia, com um excelente catálogo de estrelas embasado no trabalho prévio realizado pelo grego Hiparco, sobre quem tratamos anteriormente.

A concepção apresentada por Ptolomeu embasava-se numa representação complexa do Sistema Solar e conjugava movimentos circulares em combinações variadas, com círculos e epiciclos, permitindo predizer o movimento dos planetas com precisão e elevando este modelo geocêntrico a um nível de funcionamento quase perfeito. Esta forma de representar o movimento dos corpos celestes era, até então, a forma que melhor explicava o que era observado na abóboda celeste.

Adaptando as questões levantadas pela física aristotélica a um modelo cosmológico, Ptolomeu reforçou a tese do geocentrismo, concebida por Aristóteles. Embora imbuído da ideia equivocada de um sistema geocêntrico, este modelo se preservaria por cerca de 15 séculos, sendo desbancado pelo modelo heliocêntrico de Nicolau Copérnico, que remonta à ideia original de Aristarco de Samos.

O sistema geocêntrico, resultante do estudo de Ptolomeu, ficou conhecido como Sistema Ptolomaico e se diferenciava dos demais, anteriormente apresentados, pela explicação do caráter errante dos planetas, além de explicar as diferenças de velocidades entre os diferentes pontos de suas órbitas, até então compreendida como em torno da Terra.

## Dezenas de constelações

Os pensadores das teorias geocêntricas valiam-se de suas observações com os limites tecnológicos de seu tempo. Faltavam-lhes os instrumentos técnico-mensurativos, só estatuídos por volta do século XV. Ao elaborar um modelo onde as equações matemáticas se ajustem às observações e que permita prever algumas efemérides*, mesmo sendo um modelo matematicamente complexo, Cláudio Ptolomeu agiu como os físicos dos nossos dias que, na impossibilidade de alcançar uma solução satisfatória, buscam por uma equação que melhor se ajuste ao que é observado.

Por fim, vale lembrar que foi nas observações feitas por Ptolomeu, citando o trabalho de Hiparco, que são mencionadas as 48 constelações que ficaram conhecidas como "Constelações Clássicas". Todas elas, exceto uma, ainda são parte da lista atual de constelações oficiais da União Astronômica Internacional (UAI). No ano de 1930, a UAI dividiu o céu num número de constelações igual a 88.

**Lista das 48 constelações citadas por Ptolomeu, na sua obra *Almagesto*, e seus respectivos significados:**

| Constelação | Significado | Constelação | Significado |
| --- | --- | --- | --- |
| Andrômeda | Princesa mito grego | Gemini | Os gêmeos |
| Aquarius | O aguadeiro | Hércules | Filho de Zeus |
| Áquila | A águia | Hydra | A cobra-monstro |
| Ara | O altar | Leo | O leão |
| Áries | O carneiro | Lepus | A lebre |
| Argo Navis | O navio dos Argonautas | Libra | A balança |
| Auriga | O cocheiro | Lupus | O lobo |
| Bootes | O boieiro | Lyra | A lira |
| Câncer | O caranguejo | Ophiuchus | O serpentário |
| Canis Major | O cão maior | Orion | O caçador mítico |
| Canis Minor | O cão menor | Pegasus | O cavalo alado |
| Capricornus | O capricórnio | Perseus | O herói grego |
| Cassiopeia | Rainha Grega | Pisces | Os peixes |
| Centaurus | O centauro | Piscis Austrinus | O peixe austral |
| Cepheus | O rei mítico | Sagitta | A flecha |
| Cetus | A baleia | Sagittarius | O arqueiro |
| Corona Australis | A coroa austral | Serpens | A serpente |
| Corona Borealis | A coroa boreal | Scorpius | O escorpião |
| Corvus | O corvo | Taurus | O touro |
| Crater | A taça | Triangulum | O triângulo |
| Cygnus | O cisne | Ursa Major | A ursa maior |
| Delphinus | O golfinho | Ursa Minor | A ursa menor |
| Draco | O dragão | Virgo | A virgem |
| Eridanus | O rio | Equuleus | O potro |

*"A verdade é fruto do tempo, e não da autoridade"*

*Galileu Galilei*

# Idades Média e Moderna

# A Astronomia na Idade Média

Na Idade Média tivemos a superação do modelo de ciência da idade antiga. Foi um período com grandes observações e descobertas, principalmente pelos árabes e europeus.

## Astronomia Árabe

Assim como os cristãos dependiam dos astros para a determinação da Páscoa, os árabes também dependiam das datas astronômicas para definirem as suas horas de orações diárias e também para a determinação da direção de Meca[11] e seu calendário lunar. A fé islâmica havia iniciado em 622 d.C. e, por convocação de Maomé, todos os árabes deveriam se dirigir à Meca para adorar a Deus. O islamismo rapidamente se espalhou pelo Iraque, Egito, Norte da África e Espanha. Inicialmente, a astronomia islâmica teve como base a astronomia persa e indiana. Por volta do século IX incorporou a astronomia grega clássica, em particular as cosmologias de Aristóteles e Ptolomeu. Houve três grandes centros de astronomia árabes entre os séculos IX e XII: o primeiro na região de Bagdad; o segundo no Cairo; e o terceiro, e último, no sul da Espanha.

Imbuídos de uma preocupação voltada para o desenvolvimento

______________
11 Cidade da Arábia Saudita; é considerada a mais sagrada no mundo para os muçulmanos.

de modelos matemáticos para o céu, que coincidissem com o observado, os trabalhos elaborados nestes três observatórios, ao longo dos séculos, foram fundamentais para acumular determinações das posições dos astros com grande precisão. Foi possível, a partir deles, verificar que as posições calculadas pelo método de Ptolomeu apresentavam algum erro. Embora na astronomia árabe da idade média já se notava um entendimento onde a Terra não era o centro de rotação, Ibn al-Shatir, um dos grandes astrônomos árabes medievais, desenvolveu um modelo com epiciclos*. Porém, ainda com o caráter geocêntrico*.

Astrônomos como Al-Sufi (903 - 986) e Ulugh Beg (1394 - 1449) compilaram catálogos. Al-Sufi também atribuiu nomes para diversas estrelas (Aldebaran, Vega, Algol, etc). O termo Algol significa "o demônio", e por alguma razão os árabes perceberam que esta estrela variava de brilho. Somente muito tempo depois os astrônomos entenderam que esta variação devia ao caráter binário, onde duas estrelas, no caso de Algol, ficam se eclipsando. Outros astrônomos árabes trabalharam nas constantes astronômicas como a duração da precessão dos equinócios*, além de desenvolverem a álgebra e avançarem na trigonometria esférica e aperfeiçoamento do astrolábio* a partir do modelo de Ptolomeu. Ulugh Beg estabeleceu a duração do ano utilizando um sextante*, construído por ele no Observatório Samarkand[12] em 1420, com uma precisão de um minuto do valor atualmente determinado.

Embora os avanços singulares, os astrônomos árabes desenvolveram seus trabalhos dentro da lógica geocêntrica. Além do mais, com a aparência de que os corpos celestes giravam ao redor da Terra, a queda de meteoros e os fenômenos climáticos, como a chuva caindo, pareciam evidenciar que a Terra era o centro do Universo, atraindo para si todos os outros corpos. Ainda assim, os dados obtidos pela brilhante astronomia árabe influenciaram e serviram de base para muitas teorias elaboradas por astrônomos medievais europeus como Copérnico (1473 – 1543) e Tycho Brahe (1546 – 1601).

## Astronomia Europeia

Semelhantemente à astronomia árabe, a medieval europeia não presenciou grandes descobertas, sendo um período de aperfeiçoamento do modelo já existente. Permanecia entre os astrônomos que a Terra estava no

---

12 Primeiro observatório do oriente, em Samarcanda (século XV), com um sextante de 30 metros.

centro do Universo e imóvel com todos os corpos girando ao seu redor, e ninguém tinha razões para duvidar disso, já que o sistema geocêntrico fora desenvolvido por Aristóteles (384 a.C. - 322 a.C.) e Ptolomeu (90 d.C. - 168 d.C). Porém, como veremos adiante, os astrônomos europeus medievais foram exímios investigadores do céu. Quanto à Igreja, esta perseguiu as perspectivas pró-ciência no escopo da astronomia durante a idade média. Isso provocou um atraso no desenvolvimento desta ciência.

No entanto, se a Igreja controlava a forma de pensar da grande parte das pessoas, no âmbito acadêmico, professores e alunos eram clérigos e monges, proporcionando neste meio certa liberdade de pensamento. Assim, enquanto a Igreja arrostava aqueles que eram tidos como leigos, tolerava as ideias vindas da classe erudita do clero; além do mais, na Idade Média a astronomia abarcava uma posição destacada no *curriculum* universitário. Nenhum graduado universitário concluia seu grau sem ser avaliado em astronomia. Esses fatores foram o bastante para proporcionar pequenos avanços.

# Nicolau Copérnico
### (1473 - 1543)

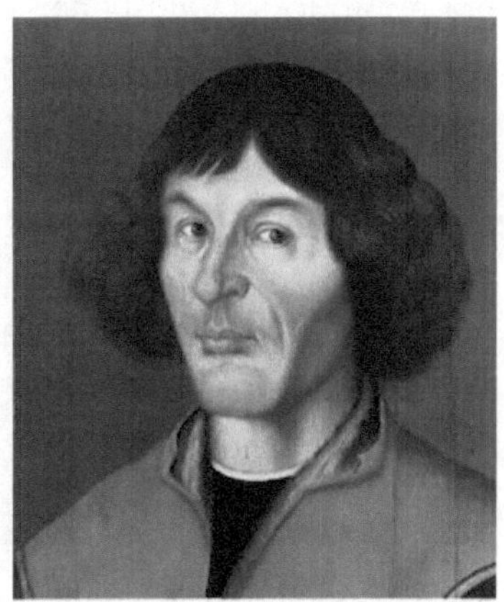

**Nicolau Copérnico**

Nascido em Torun, Polônia, Copérnico entrou para o clero e estudou primeiramente na Universidade de Cracóvia e depois em Bologna, na Itália. Em 1501, regressou à Polônia e tornou-se padre de Frombork[13].

Com uma carreira bastante difusa, desenvolveu atividades como médico e administrador, além de defender seu país contra os cavaleiros teutônicos (ordem militar cruzada vinculada à Igreja Católica por votos religiosos pelo Papa Clemente III). Mas, foi na astronomia que esteve o maior interesse de Nicolau.

Embora muitas de suas ideias estivessem erradas e, ao tentar calcular os movimentos de revolução dos planetas, sua tese tenha se tornado tão complexa quanto ao modelo ptolomaico, esta proposta foi um passo inicial e fundamental para que seus sucessores construíssem sobre o seu trabalho.

## O heliocentrismo

Ao estudar a teoria geocêntrica de Ptolomeu, Copérnico a identificou como complicada e pouco satisfatória, onde os problemas, ou a grande parte deles, poderiam ser resolvidos com o simples deslocamento da Terra da posição central do modelo ptolomaico e colocando em seu lugar o Sol. O modelo heliocêntrico explicava com bastante facilidade, e sem artificialismos, uma das grandes dificuldades encontradas pelos outros astrônomos antigos: as retrogradações de alguns corpos celestes (planetas). Mas, complicava-se ao tentar reproduzir as velocidades de revolução*, que seriam compreendidas

---

13 Cidade da Polônia, no condado de Braniewski.

posteriormente nas leis de Johannes Kepler. Esta tese de Copérnico foi apresentada no livro *De Revolutionibus Orbium Coelestium*.

Mesmo com a tese praticamente pronta ele não a publicou de imediato, pois sabia que a Igreja o acusaria de heresia. Tirar a Terra do centro do Universo ia contra a sua doutrina. Somente em 1543, próximo à sua morte, concordou com a impressão da tese e, assim, a Igreja Católica incluiu *Das Revoluções dos Corpos Celestes* na lista de livros proibidos por heresia. O dogmatismo do Clero era muito forte. Questionar a perfeição divina era uma temeridade e quem defendesse as ideias de Copérnico pecava por imprudência. O catolicismo e o geocentrismo dominavam o pensamento na Idade Média. Portanto, o temor de Copérnico diante da censura eclesiástica não era infundado.

Com o anúncio das grandes descobertas* esta visão de mundo começou a mudar. Fernão de Magalhães[14], com sua viagem de circum-navegação do Globo entre 1519 e 1522, comprovara a teoria da esfericidade da Terra, já aceita por muitos matemáticos e astrônomos. Embora parecesse óbvio, a teoria de Copérnico só seria aceita pelo Vaticano em 1835 com o reconhecimento do erro pelo papa Gregório XVI. Quase 300 anos após sua publicação, a obra *Das Revoluções dos Corpos Celestes* foi retirada da lista dos livros censurados pela Igreja.

## A paralaxe

As contra-argumentações sobre o modelo de Copérnico eram embasadas sobre duas arguições assumidas na época. A primeira prendia-se à curiosidade de que, sendo o Sol o centro do Universo, este teria que atrair para si os objetos, mas, ao atirar uma pedra em sua direção isso não era observado. Este fato só viria a ser explicado posteriormente por Isaac Newton. A outra argumentação relacionava-se à paralaxe*, que pode ser compreendida da seguinte maneira: se esticarmos o braço com o polegar estendido e olharmos alternadamente para o polegar com o olho direito e esquerdo, verificamos que o polegar assume uma mudança de posição em relação à parede de fundo, e quanto mais afastarmos o polegar dos olhos, menor será o ângulo de paralaxe.

Pois bem, se a Terra girasse em torno do Sol, teria que se observar paralaxe quando a Terra estivesse de um lado e do outro do Sol, o que não era identificado (naquela época). Mais uma vez os astrônomos estavam limitados à observação visual, sem instrumentos adequados para identificar a precisão das medidas. A estrela mais próxima do nosso Sol tem uma paralaxe próxima

---

14  Navegador português (1480 – 1521)

de 1" (um segundo de arco), medida esta bastante pequena para ser percebida somente com a observação visual.

Com o entendimento heliocêntrico, Copérnico revolucionou não somente a astronomia, mas também a ideia de que o homem da sua época tinha de si mesmo, onde feito à imagem e semelhança de Deus se sentia como o centro do Universo.

Nicolau faleceu na atual cidade de Frombork, na Polônia, em 24 de maio de 1543, no mesmo ano em que seu trabalho foi publicado, ficando a salvo da ira dos líderes religiosos que viam no heliocentrismo uma heresia.

# Tycho Brahe
## (1546 - 1601)

Tycho Brahe foi um astrônomo dinamarquês, tido como um dos representantes mais prestigiados da ciência renascentista[15]. Começou sua instrução em uma escola paroquial e, aos treze anos, foi enviado para a Universidade de Copenhague (Dinamarca), para estudar Direito e Filosofia. No período em que esteve neste educandário observou um eclipse parcial do Sol, previsto com exatidão pelos astrônomos, despertando-lhe interesse em como poderia o homem conhecer o movimento dos astros e predizer suas posições futuras, passando, assim, a se interessar pela astronomia.

Tycho Brahe

## O auxílio das Tábuas

Aos dezesseis anos foi para a Universidade de Leipzig, na Alemanha, onde estudou Direito. Permanecia observando o firmamento, adquirindo livros e instrumentos de astronomia que aperfeiçoassem suas observações. Aos dezessete anos, em dezessete de agosto de 1563, observou Júpiter e Saturno passarem muito próximos um do outro e, tendo tido conhecimento das melhores informações astronômicas disponíveis na época, verificou que os acontecimentos não coincidiam com as previsões.

Tycho, na verdade, embasou-se nas previsões das Tábuas Afonsinas, que eram registros astronômicos elaborados por Afonso X de Leão e Castela, no século XIII. A divergência das previsões das Tábuas com o fenômeno

---

15 Renascimento Científico foi um período de desenvolvimento da ciência: astronomia, matemática, física, química, anatomia, etc, nos séculos XV e XVI.

observado girava em torno de um mês. As tabelas elaboradas por Copérnico também erravam a previsão por vários dias. Diante disso, Tycho decidiu elaborar e construir novas tabelas das posições dos astros, atingindo uma grande precisão em suas previsões.

Após sua permanência em Leipzig, Tycho direcionou-se à Augsburg, cidade alemã, começando ali sua dedicação total à astronomia. Estudou ainda na Universidade de Wittenberg e na Universidade de Rostock, ambas na Alemanha. Em 1568, transferiu-se para a Universidade da Basiléia, na Suíça, tendo permanecido aí por cerca de dois anos.

## A supernova

Em 1570, aos 26 anos, voltou para a Dinamarca para morar com um tio, o único na família que apoiava Tycho no estudo da astronomia. Tempos depois, observa o surgimento de uma estrela no céu, fato que ia de encontro com a teoria aristotélica de que o céu supralunar era imutável e perfeito. Esse fenômeno foi chamado de "nova", e esta seria a primeira vez do uso do termo na astronomia. Hoje sabemos que o fenômeno observado por Tycho trata-se do que denominamos atualmente de "supernova*".

Em 1573, o astrônomo publica o livro intitulado *Sobre a Nova Estrela Nunca Vista Antes*. Pouco tempo depois foi convidado a dar aulas de astronomia na Universidade de Copenhague. Em 1576, foi-lhe oferecida, pelo Rei Frederico II, a Ilha de Hyen para que construísse um castelo e um observatório, o que foi logo aceito. Com a construção deste, chamado de Uranienborg, tornou-se praticamente uma escola de astronomia. Com a morte do Rei Frederico II, Tycho não teve o mesmo apoio do sucessor do trono, Cristiano IV, e abandonou a Dinamarca, em 1597. Dirigiu-se, então, para a Alemanha, onde escreveu um livro sobre seus instrumentos astronômicos. Em 1599, foi convidado pelo imperador Rodolfo II a estabelecer-se em Praga (República Tcheca), vindo a conhecer um grande e talentoso matemático chamado Johannes Kepler.

Sendo Tycho um astrônomo observacional que precedeu à invenção do telescópio, suas observações das posições das estrelas e dos planetas alcançaram grande precisão para a época e conduziu-o à conclusões suficientes para descartar a tradição ptolomaica. Deu continuidade a alguns trabalhos de Copérnico, ainda que não acreditasse na hipótese heliocêntrica. Ele propôs um modelo híbrido, onde o Sol gira em torno da Terra ao longo de um ano com os planetas orbitando à sua volta. Neste modelo era preservada a referência do modelo geocêntrico aristotélico no mesmo tempo em que obtém a vantagem da simplicidade de explicar a retrogradação* dos planetas. Seus registros dos movimentos de Marte permitiram a Kepler descobrir as leis dos movimentos dos planetas, dando suporte à teoria heliocêntrica de Copérnico.

## Morte enigmática

Tycho morre no dia vinte e quatro de outubro de 1601, onze dias após cair enfermo. Por séculos existiu a crença de que teria morrido por um problema de bexiga, inclusive tendo esta teoria sido apoiada por Kepler. Porém, investigações nos últimos anos identificaram níveis extremos de mercúrio na raiz de seus cabelos, cerca de cem vezes acima do considerado normal, o que sugere um envenenamento. Houve a teoria de que o envenenamento não tenha sido intencional, e sim pela utilização de medicamentos contendo impurezas de cloreto de mercúrio, já que o mesmo tinha conhecimentos farmacêuticos e naquela época fosse comum a prescrição de mercúrio como medicamento.

Porém, esta hipótese foi refutada na obra de Joshua Gilder e Anne-Lee Gilder (*A Intriga Cósmica*), a qual diz que o astrônomo era um exímio alquimista e familiarizado com a toxicidade dos diferentes compostos de mercúrio. Para os autores acima, a análise recente de amostras revela que Tycho foi sistematicamente envenenado e que o motivo, os meios e a oportunidade apontam diretamente para Johannes Kepler, que se apropriou dos registros de observações de uma vida inteira. Mas, a dúvida ficou no ar.

Foi publicado um último trabalho de Brahe, intitulado como *Tabelas Rudolfinas*, dedicadas ao imperador. Embora estejam compilados dados observacionais de Tycho, a visão teórica presente no livro é heliocentrista, ou seja, de Kepler. Tycho Brahe foi sepultado na igreja de Tym, em Praga, na República Checa.

# Galileu Galilei
## (1564 - 1642)

**Galileu Galilei**

Nasceu na cidade de Pisa, Itália, sendo o filho mais velho, de um total de sete. Com intenções de ingressar no monastério[16], foi impedido pelo pai, que o inscreveu no curso de medicina. Galileu desistiu do curso dois anos depois para estudar matemática, também não aprovado pelo pai. Assim, abandonou a universidade e dirigiu-se a Florença, dando aulas particulares e estudando matemática, mecânica e hidrostática. Seus experimentos em mecânica proporcionaram entendimentos sobre inércia* e que a aceleração de corpos em queda livre não dependia do peso do objeto. Mais tarde estes entendimentos foram incorporados às leis do movimento de Newton. Devido à sua abordagem matemática passou a ser chamado de "pai da física experimental".

## Luneta: novas descobertas

Em 1609, em uma de suas viagens a Veneza, Galileu tem conhecimento de um instrumento óptico de elevado preço, composto por duas lentes e um tubo. Não é atribuída a Galilei a invenção do telescópio, cuja patente foi solicitada por Hans Lippershey, um fabricante de óculos dos Países Baixos (Holanda). Galileu tratou logo de construir um aparelho semelhante ao de Lippershey, utilizando o instrumento com fins astronômicos. A primeira luneta construída por ele tinha uma capacidade de aumento aparente de três vezes. Aperfeiçoou o equipamento, conseguindo aumentos bem maiores (cerca de trinta vezes), proporcionando observações do céu que revolucionariam

---

16 Ou mosteiro: edifício de habitação, oração e trabalho de uma comunidade de monges e freiras; geralmente construído fora da malha urbana de uma cidade.

o campo da astronomia. Com isso, tornou-se também o "pai da astronomia telescópica".

Grande contribuição ao modelo heliocêntrico foi dada por Galileu, devido, principalmente, às suas observações com o telescópio, que proporcionaram argumentos definitivos contra o modelo geocêntrico.

Galileu conheceu os trabalhos de Kepler. Porém, imbuído da teoria copernicana, não quis aceitar órbitas elípticas. A esfericidade do Universo, proposta em *De Revolutionibus Orbium Coelestium*, apresenta um movimento uniforme, perpétuo e circular, com o qual Galileu se alinhava. Entre 07 e 15 de janeiro de 1610 ele descobre os quatro maiores satélites de Júpiter e suas revoluções em torno do planeta. Ciente de que havia corpos que giravam em torno de Júpiter, conclui que nem tudo tinha que girar ao redor da Terra. A descoberta dos satélites de Júpiter foi fundamental para que Galileu defendesse o sistema heliocêntrico de Copérnico.

Descobriu também a indicação dos anéis de Saturno, confundidos com dois satélites devido à qualidade óptica do seu telescópio e às manchas solares. Mostrou que o Sol não era cristalino e que, assim, os objetos celestes também são "corruptíveis". Percebeu que o Sol rodava em torno de um eixo com um período de rotação diferencial*, com cerca de 25 dias (no equador) a 31 dias (nos polos) e que a Via Láctea era composta por uma infinidade de estrelas e aglomerados.

Observando as fases de Vênus, compreendeu que se o planeta girasse em torno da Terra, suas fases teriam que ser idênticas às da Lua. Percebeu que, durante a sua fase semelhante à lua nova, a dimensão de Vênus era maior, o que significava que estava mais próximo da Terra, e que, quando alcançava sua fase semelhante à lua cheia, sua dimensão se tornava menor. Galileu entendeu que isso ocorria porque Vênus girava em torno do Sol.

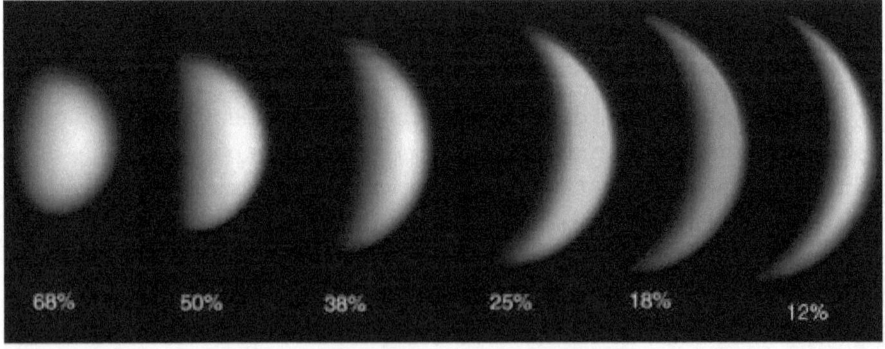


**Fases de Vênus observadas por Galileu**

## O Index

Todas estas observações, por meio de seu telescópio, foram publicadas em seu livro *Sidereus Nuncius* (O Mensageiro das Estrelas), publicado em março de 1610 e que apresenta um céu nunca visto antes. Com a publicação desta obra inúmeras polêmicas foram suscitadas. Houve quem se recusasse a olhar pelo telescópio; outros afirmaram a inexistência de tais descobertas. Teve, também, astrônomo que "explicou" que as descobertas eram ilusões das lentes do telescópio de Galileu, sendo esta última difícil de refutar. Galileu recebeu um importante apoio de Kepler, que publicou, em 1611, a efetiva existência dos satélites de Júpiter.

No ano de 1616, o Tribunal do Santo Ofício[17] declara que a Teoria Heliocêntrica era herética e que a teoria de que a Terra se move contradizia ao ensinamento teológico. Diante disto incluíram no *Index Librorum Prohibitorum* (Índice de Livros Proibidos) a obra *De Revolutionibus Orbium Coelestium*, de Nicolau Copérnico, e outros livros sobre o mesmo tema, ficando proibido falar do heliocentrismo como realidade física. A abordagem era permitida desde que se referisse a hipóteses matemáticas. Dentro desta lógica, o livro de Copérnico foi retirado do *Index* quatro anos depois, mas o heliocentrismo continuaria a ser refutado pela Igreja e visto como heresia.

Apesar de, até este momento, nenhum livro de Galileu ter sido incluído no *Index*, ele foi convocado para dar explicações. Teve "oportunidade" de defender suas ideias diante do Tribunal do Santo Ofício, sendo admoestado a abandonar a defesa da teoria heliocêntrica, salvo como ferramenta matemática para descrever o movimento dos corpos celestes. Galileu persistiu com a ideia heliocêntrica, sendo então proibido de ensinar ou divulgá-las.

## Pesadelo chamado "Santa Inquisição"

Em 1623, ocorre a entrada do novo Papa, Urbano VIII, com ânimo mais complacente e de quem Galileu era amigo. O Papa recebeu Galileu em seis audiências no Vaticano, tendo inclusive oferecido dinheiro e recomendações a Galilei, mas não aceitou o pedido do astrônomo para revogar o decreto de 1616, contra o heliocentrismo. Encorajou Galileu a continuar os estudos sobre o mesmo, mas no sentido de uma hipótese matemática.

Neste contexto, Galileu escreve o livro intitulado *Diálogo Relativo aos Dois Grandes Sistemas do Mundo - Ptolomaico e Copernicano*. O astrônomo

---

17 Era uma instituição eclesiástica de carácter "judicial", que tinha por principal objetivo "inquirir heresias" - daí também ser conhecido como Inquisição.

**A Santa Inquisição**

debate os dois sistemas através de uma discussão com três personagens: Salviati, Sagredo e Simplicio. O primeiro representa o próprio Galileu, o segundo um argumentador inteligente e o terceiro um defensor do geocentrismo. O livro foi publicado em 1632, em Florença, e foi decisivo no processo da Inquisição contra Galileu. Diante das análises dos censores do Vaticano e das derrotas que a Igreja vinha sofrendo diante da Reforma Protestante, o Papa interpretou que o modelo heliocêntrico, como uma barreira matemática, havia sido ultrapassado, convocando Galileu novamente a estar em Roma, para ser julgado.

Condenado a abjurar suas ideias, foi colocado em prisão por tempo indefinido e teve seus livros incluídos no *Index*. Galileu apresentou uma perseverança e coragem diante das observações e descobertas por ele feitas. Neste tempo, desafiar a Igreja era extremamente arriscado. Em 1600, Giordano Bruno[18] fora queimado vivo por afirmar que o Universo podia ser infinito e que haveria muitos planetas além da própria Terra. Galileu provavelmente não passou por situação semelhante devido ao apreço do Papa e pela influência de amigos poderosos (politicamente) que tinha.

## Galileu é "perdoado"

Por fim, conseguiu comutar sua prisão para confinamento na sua casa pessoal em Arcetri, arredores de Florença. Já bastante idoso, e cego, consegue publicar *Discorsi e Dimostrazioni Matematiche Intorno a Due Nuove Scienze* (Duas Novas Ciências), na Holanda, onde o protestantismo já havia substituído o catolicismo e estava numa zona livre da Inquisição. Nesta obra discute-s as leis do movimento e a estrutura da matéria. Galileu morreu em 1642 e foi enterrado na Basílica de Santa Cruz, em Florença.

Em 1846, após rever suas posições diante de Galileu, a Igreja Católica remove todas as obras que apoiavam o sistema copernicano do *Index*.

---

18 Teólogo, filósofo, escritor e frade dominicano italiano.

Somente três séculos depois da sua condenação é iniciada a revisão do seu processo que culmina com sua absolvição, em 1983. Galileu foi "perdoado" pela Igreja Católica em 31 de outubro de 1992. A razão da proibição pela Igreja ao heliocentrismo consiste no Salmo 104, onde se lê: *"Deus colocou a Terra em suas fundações, para que nunca se mova"*. A tradução na linguagem atual mudou para: *"Deus colocou a Terra para que nunca se abale"*.

# Johannes Kepler
### (1571 - 1630)

Kepler nasceu em 27 de dezembro de 1571 em Weil der Stadt, região Sul da Alemanha. Era filho de Heinrich Kepler e Katharina Guldenmann. Tinha como característica um corpo frágil, com comprometimento à saúde durante toda a vida.

Foi enviado ao seminário para estudar e, em 1588, passou no exame de admissão da Universidade de Tübingen[19], iniciando os estudos um ano depois. Em 1591, foi aprovado no mestrado, completando seus estudos em artes, hebreu, grego, física e astronomia. Além destas disciplinas aprofundou na matemática e astronomia, aprendendo sobre Copérnico.

Johannes Kepler

Antes mesmo de completar seus estudos, Kepler começou a lecionar sobre matemática, na Áustria. Conectou-se bastante com a astronomia além de ocupar a função de calendarista do distrito de Graz, prevendo as condições climáticas e orientando qual a melhor data para plantar, colher, prever guerras, epidemias e até eventos políticos. Vale ressaltar que nessa época ainda podemos encontrar traços astrológicos associados à astronomia.

## Contribuição de Tycho Brahe

Em 1597, Kepler publica seu primeiro livro, cujo título fora abreviado como *Mysterium Cosmographicum* (Mistérios do Universo). Nele era defendido o heliocentrismo de Copérnico e apresentava algumas ideias sobre as órbitas planetárias. Kepler enviou um exemplar para Tycho Brahe e outro para Galileu. Em plena reforma protestante, a Contrarreforma Católica fechou o

---

19 Ou Universidade de Tubinga, foi fundada em 1477. É uma das universidades mais antigas da Europa - localizada em Tubinga, na Alemanha.

colégio e a igreja protestantes em Graz, ordenando que todos os professores e padres protestantes deixassem a cidade imediatamente. A permanência de Kepler foi autorizada, porém como matemático do distrito, permanecendo aí até 1600 quando, definitivamente, foi expulso da cidade por recusar-se a converter ao catolicismo.

Como foi dito anteriormente, o imperador Rodolfo II convidou Tycho Brahe a permanecer em Praga, onde recebeu a visita de Johannes Kepler, em 1600. Kepler provavelmente estava atrás dos dados acumulados durante os longos anos de observações de Tycho, e sabia que somente com estes dados poderia resolver as diferenças entre os modelos teóricos e as observações. Neste mesmo ano, começa a trabalhar para Tycho Brahe em Praga, já que havia sido abandonado por seus antigos mestres devido às suas convicções na teoria heliocêntrica de Copérnico e por sua tendência protestante. Apresentado ao imperador, foi contratado como assistente de Tycho Brahe, que viria a morrer poucos meses depois. Desta forma, Kepler foi nomeado como matemático imperial, sucedendo Tycho na tarefa de calcular as Tabelas Rudolfinas com a previsão das posições dos planetas e herdando as anotações de anos de observações.

Embora Nicolau Copérnico tivesse superado a visão tradicional do movimento planetário centrado na Terra trocando-o por outro, no qual o Sol estaria no centro e os planetas giram em torno deste em órbitas circulares, este movimento não predizia corretamente o observado. Apresentou discrepâncias, com evidência para o movimento do planeta Marte, com uma medida ainda mais precisa realizada pelo dinamarquês Tycho Brahe.

Em 1604, completou o *Astronomiae pars Optica*, sendo este considerado o livro fundamental da óptica, explicando a formação da imagem no olho humano e o funcionamento de uma câmara escura. Kepler descobriu uma aproximação para a lei da refração e estudou o tamanho dos objetos celestes e os eclipses. Ainda em 1604, no dia 17 de outubro observa uma supernova na constelação de *Ophiucus*, em uma conjunção com Marte, Júpiter e Saturno, publicando um trabalho sobre ela, o qual descrevia o decaimento gradual de luminosidade e cor. Em 1605, descobre o caráter elíptico das órbitas, com o Sol em um dos focos, sendo estes resultados publicados no *Astronomia Nova*, em 1609.

## Leis de Kepler

O cálculo da órbita de Marte foi o objeto de estudo imediato de Kepler e fundamental para chegar ao entendimento de que as órbitas planetárias não eram círculos, e sim elipses (1ª Lei de Kepler), culminando com a publicação da Lei das Áreas (2ª Lei de Kepler), ainda com algumas incongruências com as observações de Tycho. Em 1610, leu o livro com as descobertas de Galileu, feitas com o uso de telescópio, além de ter utilizado de um equipamento semelhante para publicar também suas observações, dando enorme suporte a Galileu, cujas descobertas vinham enfrentando enorme resistência.

Entre 1617 e 1621, Kepler publicou sete volumes do *Epitome Astronomiae Copernicanae* (Compendium da Astronomia Copernicana), tornando-se um texto de grande valia com a introdução mais importante da astronomia heliocêntrica. A parte do *Epitome* publicada em 1617 foi colocada no *Index* de livros proibidos pela Igreja Católica, tendo esta resistência ao heliocentrismo iniciada após a publicação do livro *Siderius Nuncius*, por Galileu. A razão do impasse com a Igreja, relacionado ao heliocentrismo, como já fora dito anteriormente, dava-se pelo Salmo 104.

Em 1619, Kepler publica o livro *Harmonices Mundi* (Harmonia do Mundo), onde as distâncias heliocêntricas dos planetas e seus períodos estão relacionados com a Terceira Lei, que traz que *"o quadrado do período é proporcional ao cubo da distância média do planeta ao Sol"*. Esta lei foi descoberta por Kepler em 15 de maio de 1618.


## 1ª Lei (órbitas elípticas)

*"A órbita de cada planeta é uma elipse, com o Sol em um dos focos".*


Como consequência da órbita ser elíptica, a distância do Sol ao planeta varia ao longo de sua órbita. Tendo herdado o conjunto da obra de Tycho, Kepler possuía a posição de estrelas, do Sol, da Lua e dos planetas com uma precisão estimada em 1 minuto de arco, precisão nunca atingida antes.

Ao estudar as medidas da posição de Marte, notou desvios da ordem de 8 minutos de arco, o que não era uma diferença muito grande para a época, e que poderia ser interpretada como um erro observacional normal. Porém, Kepler sabia da precisão das medidas de Tycho, e concluiu que não se tratava de um erro, mas que o modelo de órbita circular não se encaixava na realidade das órbitas em torno do Sol.

Deixando o caso de Marte em aberto, parte para a compreensão da órbita terrestre, e verifica que esta se assemelhava a um círculo, com o Sol ligeiramente descentrado. Partindo para um novo entendimento, desta vez dentro da Geometria Cônica, a análise de todos os registros o leva a concluir que a forma que mais se adaptava às órbitas dos planetas era a de uma elipse. Fez o mesmo estudo para Vênus, Júpiter, Saturno e a Terra, sempre concluindo que a elipse era a forma que melhor se adaptava.

## 2ª Lei (áreas)

*"A reta unindo o planeta ao Sol varre áreas iguais em tempos iguais".*

O significado físico desta lei é que a velocidade orbital não é uniforme, mas varia de forma regular: quanto mais distante o planeta está do Sol, mais devagar ele se move. Dizendo de outra maneira, esta lei estabelece que *a velocidade relacionada à área é constante*, ou seja, o movimento da Terra ao longo de sua órbita em torno do Sol não era uniforme, movendo-se mais rapidamente quando mais próximo do Sol se encontrasse.

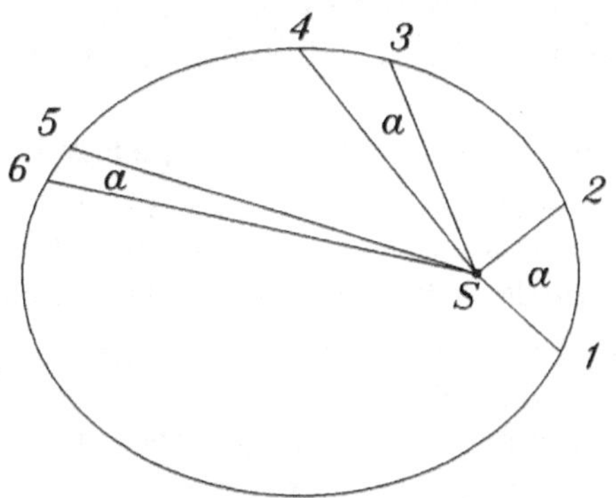


**2ª Lei de Kepler. Cada uma das áreas (alpha) é varrida no mesmo intervalo de tempo, o que faz com que a velocidade do planeta no periélio (ponto mais próximo do Sol) seja maior que a velocidade no afélio (ponto mais afastado do Sol).**

## 3ª Lei (harmônica)

*"O quadrado do período orbital dos planetas é diretamente proporcional ao cubo de sua distância média ao Sol".*

Esta lei estabelece que planetas com órbitas maiores, têm o movimento mais lento em torno do Sol e, portanto, isso implica que a força entre o Sol e o planeta, decresce em relação ao distanciamento do Sol. Há relatos de que a busca pela terceira lei, ajudou-o a enfrentar as adversidades da vida. A terceira lei pode ser descrita pela seguinte fórmula:

$$\frac{T^2}{D^3} = K$$

K = Constante
T = Período
D = Semieixo Maior
**Se utilizarmos o período em anos e a distância em unidades astronômicas o valor da constante é 1.**

Mais tarde Isaac Newton generalizaria a 3ª Lei de Kepler, permitindo aplicá-la a todos os casos em que um corpo celeste orbitasse outro com influência gravitacional, se estendendo desde os planetas do Sistema Solar à sistemas de estrelas duplas ou galáxias.

## Igreja: a perseguição continua

Com o atrito gerado entre a Reforma Protestante e a Contrarreforma Católica, a posição protestantista de Kepler foi se deteriorando. A Contrarreforma aumentava a pressão sobre os protestantes na Alta Áustria, da qual Linz era capital. Kepler ainda permanecia isento por ser oficial da corte.

Em meio a estes acontecimentos, Kepler trabalhava nas Tabelas Rudolfinas, baseadas nas observações de Tycho Brahe. Durante a tomada de Linz, a oficina de impressão foi queimada e com ela parte da edição impressa. Assim, deixa Linz, em 1626, se fixando em Ulm (cidade alemã, onde Einstein nasceria, em 1879), para imprimir as Tabelas Rudolfinas, publicadas em 1627. Estas tabelas trouxeram um caráter de aceitação ao sistema heliocêntrico uma vez que se mostraram precisas, pelo menos durante um período de tempo. Kepler deixou Ulm para juntar-se à sua família, que havia ficado em Regensburg (também na Alemanha). Mudou-se para Sagan, em 1628, atuando como matemático do imperador e do Duque de Friedland. Durante uma viagem à Regensburg, foi acometido por uma doença aguda e veio a falecer em 15 de novembro de 1630.

# Giovanni Cassini
## (1625 – 1712)

Giovanni Domenico Cassini, conhecido também por Jean-Dominique ou Cassini I, foi um astrônomo, matemático e engenheiro italiano, o qual posteriormente naturalizou-se francês. Nasceu em Perinaldo, República de Gênova (hoje Itália) em 8 de junho de 1625 e faleceu em Paris no dia 14 de setembro de 1712. Seus pais foram Jacopo Cassini e Giulia Crovesi.

Giovanni Cassini

## Primeiros trabalhos

Cassini estudou em colégio Jesuíta nas cidades de Gênova e Bolonha. Em 1648, recebeu o convite de emprego no Observatório de Panzano, próximo a Bolonha, para trabalhar com um afortunado astrônomo amador da época. Desse modo, inicia a primeira parte de sua carreira. Enquanto esteve no Observatório de Panzano, Giovanni conseguiu completar sua educação tendo como mestres os cientistas Giovanni Battista Riccioli e Francesco Maria Grimaldi.

No ano de 1650, foi nomeado como a principal cadeira de astronomia da Universidade de Bolonha. Lecionou, sob o rígido controle da doutrina da Igreja Católica, geometria Euclidiana e a astronomia de Ptolomeu. Um dos maiores interesses de Cassini foi pelos cometas, observando atentamente suas aparições. Ele também elaborou tabelas solares e observou os períodos de rotação de Júpiter, Marte e Vênus.

Na cidade de Petronio (Bolonha), convenceu os oficiais da Igreja a criarem uma linha melhorada do meridiano do relógio de sol na Basílica de

San Petronio, movendo o *pinhole gnomon** que projetou a imagem do Sol para dentro dos cofres da igreja a 66,8 metros do meridiano inscrito no chão. A imagem muito maior do disco do Sol, projetada pelo efeito câmera obscura, permitiu-lhe medir a mudança no diâmetro do disco do Sol ao longo do ano, à medida que a Terra se movia em direção ao Sol ou então se afastava dele. Ele concluiu que as mudanças no tamanho que ele mediu eram consistentes com a teoria heliocêntrica de Johannes Kepler, onde a Terra estava se movendo ao redor do Sol em uma órbita elíptica em vez do sistema ptolomaico, onde o Sol orbitou a Terra em um círculo perfeito. Ainda através de seus estudos, iniciados na Itália, Cassini descobriu os satélites saturnianos Iapetus (1671), Rhea (1672), Tethys (1684) e Dione (1684).

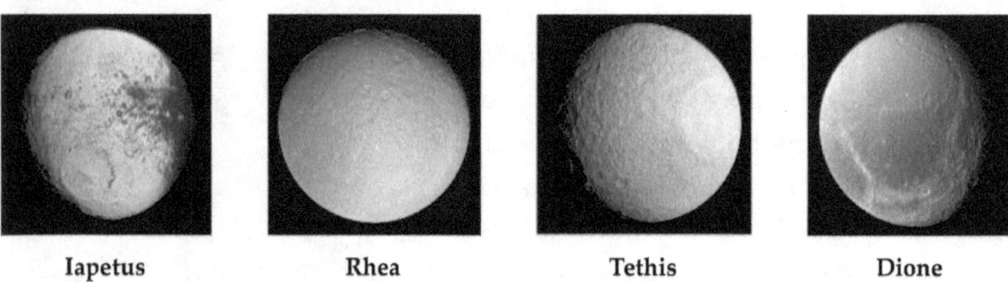

| Iapetus | Rhea | Tethis | Dione |

No ano de 1669, foi nomeado membro da Academia de Ciências de Paris, esta que fora fundada dois anos antes. Alguns meses depois, tornou-se diretor do Observatório Astronômico de Paris, colaborando na construção deste (inaugurado em 1671), ocupando o posto de diretor pelo resto de sua vida, quando veio a falecer, no ano de 1712.


## Grandes descobertas


No ano de 1672, Cassini pediu a seu amigo Jean Richer[20] que ele viesse para a América do Sul, num esforço coletivo na tentativa de determinar mais precisamente as dimensões do sistema solar. O experimento principal foi o de se fazer medições simultâneas da posição de Marte em dois locais distintos e distantes um do outro: Cassini, de Paris, e Jean, da Guiana Francesa. Deste modo, foi obtido um valor mais preciso para a paralaxe* de Marte e, consequentemente, para a distância do Sol em relação à Terra. Cassini ainda fez observações da Lua, entre os anos de 1671 e 1679, resultando em um grande mapa.

---

20   Astrônomo francês (1630 – 1696)

Em 1673 obteve a cidadania francesa e, no ano seguinte, casa-se com Geneviève de Laistre, com quem teve dois filhos. Jacques Cassini, o mais jovem e que ficou conhecido como Cassini II, deu sequência aos trabalhos do pai, como geodesista*. Um ano antes de obter essa cidadania calculou com precisão a paralaxe solar e, em 1683, tornou-se o primeiro estudioso a descrever a luz zodiacal*. No ano de 1685, consegue detectar a chamada parte escura dos anéis de Saturno, a qual leva o nome de Divisão

Grande Mancha Vermelha de Júpiter

de Cassini. Huygens[21] observou marcações da superfície de Marte, mas não as publicou. Cassini também o fez, porém chegou a fazer a publicação das mesmas.

Sendo o primeiro a observar as quatro luas de Saturno, as chamou *Sidera Lodoicea* (as estrelas de Louis), incluindo Iapetus, cujas variações anômalas no brilho ele corretamente atribuiu como sendo devido à presença de material escuro em um hemisfério (agora chamado de *Cassini Regio*, em sua homenagem). Ele compartilha com Robert Hooke[22] o crédito pela descoberta da Grande Mancha Vermelha* em Júpiter. Por volta de 1690, Cassini foi o primeiro a observar a *rotação diferencial* dentro da atmosfera de Júpiter.

## Geocentrismo e distâncias

No início, Cassini achava que a Terra seria o centro do sistema solar. Mas, por meio de observações posteriores, concluiu que estava enganado, sendo o Sol o centro deste sistema. Deste modo, estava alinhado com o modelo defendido por Copérnico. Em 1661, baseado nos trabalhos de Kepler, desenvolveu um método para mapear as fases de eclipses solares. Em 1683, Cassini apresentou a explicação correta do fenômeno da luz zodiacal, a qual é um leve brilho que se estende para longe do Sol no plano eclíptico do céu, causado por objetos empoeirados no espaço interplanetário.

Sem a menor sombra de dúvidas, Cassini deixou um enorme legado à astronomia. Escreveu dezenas de obras, ajudou na construção de alguns

---

21 Físico, matemático e astrônomo neerlandês (1629 – 1695)
22 Cientista experimental inglês do século XVII. Figura-chave da revolução científica (1635 – 1703).

observatórios astronômicos e de equipamentos ópticos os quais possibilitaram uma melhor observação dos astros celestes e, consequentemente, de novas descobertas.

Ficou cego em 1710 e, dois anos depois, no dia 14 de setembro de 1712, faleceu em Paris. Seus sucessores na direção do Observatório Astronômico de Paris foram seu filho Jacques, seu neto César François e seu bisneto Jean Dominique.

# Isaac Newton
## (1643 – 1727)

Isaac Newton foi um físico, matemático, filósofo e astrônomo inglês. Juntamente com Albert Einstein é considerado um dos maiores cientistas e pesquisadores de toda a história. Escreveu e publicou inúmeros trabalhos sobre física, matemática, química e astronomia. Além desses, também deixou um grande legado sobre teologia bem como em alquimia. Com seu telescópio refletor revolucionou a astronomia da sua época, abrindo novos horizontes para o conhecimento do Universo.

Isaac Newton

## Infância difícil

Segundo o Calendário Gregoriano*, Newton nasceu no dia 4 de janeiro de 1643 (ano seguinte à morte de Galileu) numa pequena e pacata aldeia da Inglaterra, chamada Woolsthorpe. Não teve uma infância feliz. Seu pai morreu mesmo antes dele nascer e sua mãe o abandonou quando tinha três anos, para casar-se novamente. O pequeno Isaac foi, então, levado a morar com sua avó materna, a qual era extremamente rígida e puritana, o que certamente afetou psicologicamente o menino. Newton se sentiu traído e isolado. E isso tudo muito provavelmente deixou sequelas no garoto.

Desde tenra idade mostrou ter muito talento e olhar minucioso para o mundo que o rodeava, construindo um moinho de vento e um quadrante solar* de pedra ainda menino. Era muito estudioso e curioso, gostava de ler e de estudar, o que não acontecia com seus colegas de classe, pelo menos na mesma intensidade e determinação do ilustre colega. Ainda antes dos 20 anos foi admitido pela Universidade de Cambridge (*Trinity College*), quando, em 1665, colou grau como Bacharel em Artes. Com incentivo de alguns de seus professores, começou a dedicar-se à matemática devido às facilidades que expressou durante seus anos de estudos como aluno ginasial. Um caderno escolar de Newton revela alguns dos assuntos que estudou: aritmética, agrimensura, trigonometria e construções geométricas que incluíam as aproximações de Arquimedes para o número $\pi$[23].

Isaac não era um homem de companhia agradável, demonstrando uma certa dificuldade de relacionamento com os demais acadêmicos. Às vezes achava-se em seu ostracismo, silenciava em seu próprio canto, centrado em seus estudos, pesquisas e desenvolvimento de seus projetos. Era mais quieto, caseiro, pouco sociável. Não gostava de multidões, locais agitados, buscando mais a solidão. Talvez ele realmente necessitava de situações assim, para que encontrasse consigo mesmo e entrasse num túnel de meditações e raciocínios os quais somente ele podia desenvolver e aprimorar. Era muito estudioso, além de obcecado e extremamente dedicado àquilo que fazia.

## Determinação

Newton deixava até mesmo de se alimentar, compenetrado em seus estudos. Dormia pouco. Teve uma existência quase monástica, de reclusão total. Coisas de gênio! Depois da publicação dos *Princípios Matemáticos**, seguramente o livro de maior destaque na física até então publicado, ele se viu rapidamente projetado no meio acadêmico.

Devido à uma epidemia que atingiu parte da Inglaterra naquela época, sua faculdade teve de ficar sem atividades por alguns meses. Tendo de voltar à sua casa, Newton aproveitou essas "férias forçadas"

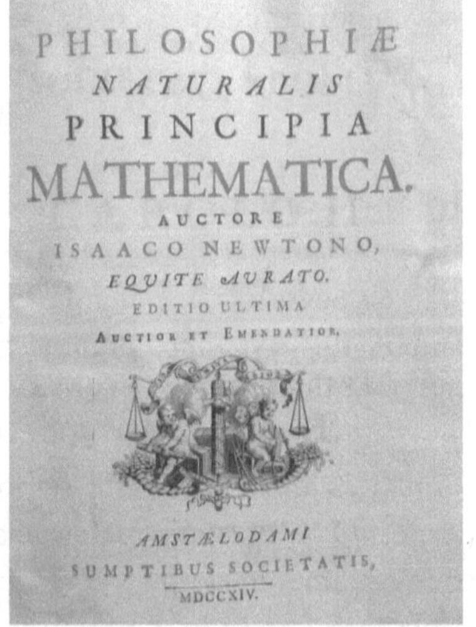

e dedicou parte considerável de seu tempo às pesquisas na matemática e na física. Desenvolveu artifícios matemáticos mais complexos, como o método do cálculo integral e diferencial*. Estabeleceu a lei fundamental da gravidade*, além de preciosas descobertas sobre óptica. Mais tarde, com a aposentadoria de seu

---

23 Número $\pi$ ("pi"), que equivale aproximadamente a 3,14.

ex-professor, Isaac Barrow, Newton tornou-se professor de matemática.

Exímio e persistente pesquisador, fez grandes descobertas em um curto espaço de tempo. Foi uma conquista atrás da outra, frutos de sua inteligência nata, sua determinação e disciplina, além de seu espírito empírico. Uma das primeiras dessas conquistas foi seu estudo sobre os corpos luminosos. Descobriu que a luz branca, ao passar por um prisma, se decompõe em sete cores básicas, que são exatamente as cores do arco-íris. No âmbito da óptica, trabalhou no aperfeiçoamento de lentes e, em 1668, fabricou seu próprio telescópio, um modelo refrator*. Posteriormente, desenvolveu o primeiro telescópio refletor*, o qual consistia num conjunto de dois espelhos, e não mais lentes.

Embora tenha vindo à tona muito tempo depois, que Newton tenha desenvolvido o Cálculo Integral e Diferencial* alguns anos antes de Leibniz[24], matemático este que publicou seu trabalho anteriormente a Newton. Desse modo, instalou-se uma grande discussão de quem realmente teria desenvolvido essa álgebra matemática, havendo divisões até mesmo entre os contemporâneos acadêmicos.

Nessa época, Newton deixou, por um certo tempo, Cambridge e as atividades acadêmicas. Mais tarde, foi agraciado com o lucrativo posto de Diretor da Casa da Moeda Real. Isaac já havia conquistado uma respeitosa carreira como cientista e apresentava-se nesta época ser uma pessoa politicamente influenciadora. Neste cargo, lutou bravamente contra as possíveis falsificações de trabalhos acadêmicos, evitando, assim, que houvesse algum tipo de plágio por parte de alguns mais espertos e menos esclarecidos.

## O célebre caso da maçã

No ano de 1684 recebeu a visita do ilustre astrônomo e amigo Edmund Halley a fim de debaterem sobre os movimentos dos planetas. Newton chegou à conclusão de que, na natureza, "massa atrai massa", portanto, dois corpos quaisquer podem se atrair mutuamente. Sendo apenas lenda, ou não, o histórico episódio da maçã que caiu na cabeça do físico, quando este estava debaixo de uma macieira, perturbou o jovem cientista. Daí sua

---

24 Gottfried Wilhelm Leibniz foi um filósofo, cientista e matemático alemão (1646 – 1716).

indagação: por que, ao desprender da árvore, a fruta cai ao invés de subir? Um fato tão corriqueiro, de que coisas e objetos caem, chamou a atenção de Newton de forma a levá-lo a questionar o porquê disso. Chamou de gravidade essa força que a Terra atrai os corpos para baixo (para seu centro).

Com o legado deixado por Tycho Brahe, Kepler e Galileu Galilei, ficou preparado o terreno para que, posteriormente, Newton desenvolvesse a sua Teoria da Gravitação Universal*. Apoiando-se nas três leis de Kepler e em recursos de geometria vetorial, ele fechou o ciclo de descobertas para explicar como, e devido a quais fatores, os planetas e corpos celestes efetuam suas órbitas. Partindo da ideia de que a força que mantinha a Lua em órbita era o mesmo tipo de força que fazia os objetos caírem na superfície da Terra, descobriu que a atração gravitacional entre os corpos do universo se dava na razão direta de suas massas e inversa ao quadrado da distância que os separam. Newton declarou que conseguiu chegar onde chegou com seus trabalhos por que estava "apoiado nos ombros de gigantes", referindo-se a Galileu e Kepler.

Com os trabalhos e descobertas de Tycho Brahe e Johannes Kepler passamos a saber que os planetas giravam em torno do Sol e também como isso se dava, suas trajetórias, etc. Mas foi somente através da Gravitação Universal que foi possível explicar o porquê desses movimentos serem como são, o que se dava devido à atração mútua entre eles. Newton não só demonstrou as leis de Kepler, mas também calculou fenômenos da natureza como as marés e a precessão dos equinócios*, bem como determinou que a Terra era achatada nos polos.

A partir daí se abririam os caminhos para a astronomia moderna. Voltando à força de atração entre os corpos celestes, Newton concluiu que ela seria diretamente proporcional ao produto de suas massas e inversamente proporcional ao quadrado da distância entre eles.

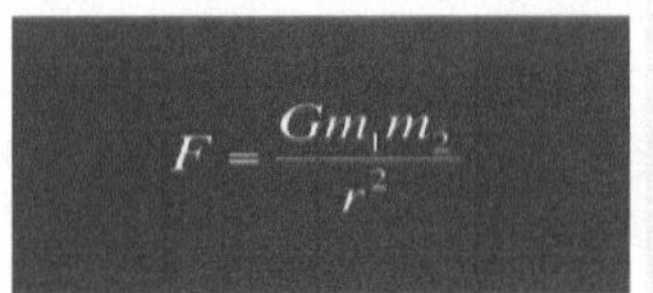

$$F = \frac{Gm_1 m_2}{r^2}$$

G — constante de gravitação universal

$m_1$ e $m_2$ — massas dos dois corpos

R — distância entre os corpos

## As leis de Newton

Outra imensurável contribuição à física e à astronomia foram as chamadas Leis de Newton, ou Leis do Movimento. A bem da verdade, *a priori* Newton não as escreveu como sendo suas três leis, mas com o tempo foram assim chamadas, as quais são definidas como:

**1ª Lei:** "Se nenhuma força externa atuar sobre um corpo, este tenderá a continuar em repouso (parado), caso assim se encontre; e se estiver em velocidade constante, assim também irá continuar". Essa lei é comumente chamada de *lei da inércia*.

**2ª Lei:** em linhas gerais diz que "a quantidade de força pode ser medida por uma proporção de mudança observada no movimento". Essa proporção é o que se chama de aceleração e refere-se à rapidez do aumento ou da diminuição da velocidade. Esta lei é traduzida pela fórmula matemática:

$$F = m.a$$

ou seja, a força $F$ pode ser obtida pelo produto entre a massa $m$ e a aceleração $a$ aplicada a um corpo.

**3ª Lei:** "A toda ação tem-se uma reação de igual intensidade e direção, mas de sentido contrário". Lei essa conhecida como simplesmente a *lei da ação e reação*.

A relação entre força e aceleração foi entendida pela primeira vez por Isaac Newton. A mecânica newtoniana não se aplica a todas as situações. Se as velocidades dos corpos que se interagem forem extremamente altas – uma fração considerável da velocidade da luz[*] $c$ – devemos substituir a mecânica newtoniana pela teoria da relatividade especial[*], de Albert Einstein, a qual é válida em qualquer velocidade, especialmente para àquelas próximas à da luz. Se os corpos que interagem se encontrarem numa estrutura atômica (prótons, neutros, etc.), então lança-se mão da mecânica quântica[*].

A mecânica newtoniana se encontra mediana à essas que são tidas como "mecânicas dos extremos", que são a relativística[*] e a quântica. Mesmo assim, ela é um caso de suma importância, sendo aplicada aos movimentos de objetos cujos tamanhos vão desde uma

Princípio da Inércia

escala quase atômica até astronômicos como estrelas, planetas, galáxias, etc.

Suas três leis, bem como a Lei da Gravitação Universal foram expostas em sua obra *Philosophiae Naturalis Principia Mathematica* (Princípios Matemáticos da Filosofia Natural), publicada em 1687. Com elas nasceu a mecânica clássica*. Quando mostrou ser consistente o que havia entre o sistema por ele desenvolvido e as leis de Kepler (movimento dos planetas), Newton foi o primeiro cientista a demonstrar que os movimentos de objetos, em qualquer corpo celeste que seja, são governados pelo mesmo conjunto de leis naturais. Avançava como verdadeira a ideia de que seria o Sol o centro do sistema solar (heliocentrismo) e não a Terra (geocentrismo). De personalidade sóbria, fechada e solitária, para Newton a função da ciência era descobrir leis universais e enunciá-las de forma precisa e racional. Afirmava que a investigação racional pode revelar o funcionamento mais intrínseco da natureza.

## Sir Isaac Newton

Ainda sobre Newton, este teve uma vida intensa e recheada de estudos e pesquisas. Baseado nas escrituras sagradas (Livro de Daniel), previu que no ano de 2060 (calendário gregoriano) se dará o fim do mundo. Foi eleito presidente da *Royal Society* (Sociedade Real Britânica), em 1703. Essa sociedade congregava os mais célebres pensadores da época, em cadeiras vitalícias. Foi nesta época que Newton apresentou sua teoria sobre a luz numa obra intitulada *Nova Teoria sobre a Luz e a Cor*. Na Inglaterra, personalidades que se destacam sobremaneira em alguma área podem levar o título de *sir*. Newton foi o primeiro cientista a conquistar essa honraria, a qual recebeu no ano de 1705.

## O telescópio newtoniano

Voltando aos assuntos astronômicos, Newton concluiu, como resultado de muito estudo, que qualquer telescópio refrator (uso de lentes) sofreria de uma aberração hoje denominada aberração cromática*, a qual consiste na dispersão da luz em diferentes cores ao atravessar uma lente. Para evitar esse problema, ele construiu um telescópio refletor, utilizando espelhos (ao invés de lentes) o qual ficou conhecido como telescópio newtoniano. Esse sistema óptico era constituído por três elementos: dois espelhos (um côncavo e um plano) e uma lente convergente.

Pode ser que Newton não tenha tido a preocupação imediata em construir um equipamento que apresentasse a melhor imagem possível, ou que a aberração esférica* pudesse ocorrer. Talvez o astrônomo desejasse mostrar que era possível a construção de telescópios refletores e que estes não apresentavam a tal aberração cromática. Ao estudar a decomposição da luz, deduziu que o aparecimento da aberração estava exatamente no fato de que raios de luz com comprimentos de ondas diferentes (cores distintas) eram desviados de forma diferente quando passavam de um meio para outro (do ar para o vidro). Fenômeno este que não ocorria com um espelho, pois neste a direção da luz refletida não depende de sua cor ou de seu comprimento de onda. O primeiro telescópio refletor construído por Newton apresentava um espelho muito pequeno (pouco mais de três centímetros e de distância focal* igual a dezesseis centímetros). Este equipamento podia bem refletir os raios de luz devido ao material do qual era feito (liga de cobre e estanho).

Um espelho plano foi colocado por Newton em um tubo a 45° o qual refletia a imagem para a ocular, colocada na lateral do telescópio. A ocular consiste numa lente que amplia a imagem. Assim, notou que se a luz de um corpo celeste distante atingisse o espelho ela seria refletida para um ponto ao lado oposto (em frente). Com isso se obteria o mesmo efeito que o do telescópio refrator, no qual se usava lentes. O telescópio refletor produzia imagens nove vezes maior que o refrator, além de ser quatro vezes mais curto que este. Com o uso de um refletor Newton conseguiu ver as luas de Júpiter (descobertas por Galileu) além de observar as fases de Vênus.

Réplica do primeiro telescópio Newtoniano

Através dessas descobertas, Newton abriu uma porta para que fosse possível a construção de telescópios cada vez mais potentes, com melhores resoluções das imagens dos corpos celestes observados. Nas décadas posteriores à apresentação do primeiro telescópio refletor, por Newton, muitos outros físicos, matemáticos e astrônomos amadores da época, desenvolveram artefatos para observação do céu, com tecnologia aprimorada. O que se esperava era exatamente a observação dos astros, com a maior aproximação possível, e com a melhor resolução da imagem. Mais do que ver um corpo celeste "mais de perto" tornara-se imprescindível que fosse visto de modo a proporcionar uma imagem de boa qualidade que permitisse estudos mais detalhados sobre o mesmo. Nessa questão Isaac Newton fez uma revolução para sua época.

## Final de sua vida

Devidos às suas descobertas e invenções, Newton foi muito respeitado na sua época. Mas não só isso. O inglês é considerado como um dos cientistas que mais deixou contribuições à ciência, produzindo obras que contribuíram de forma decisiva para a revolução científica. Joseph Louis Lagrange (1736 – 1813), matemático italiano, sempre usava dizer que Newton foi o maior gênio que já viveu, e uma vez afirmou que "Isaac foi também o mais afortunado, dado que não se pode descobrir mais de uma vez o sistema que governa o mundo". Para Lagrange, as contribuições de Newton foram como portas que se abriram para diversas áreas do conhecimento.

Não se sabe os motivos, mas no fim da vida Newton queimou muitos dos seus escritos, talvez alguns relacionados à alquimia e à bíblia. Outro fato curioso é que guardou muitas de suas descobertas por anos a fio sem as mostrar a ninguém. Um enigma! Faleceu em 1727, na cidade

Trinity College

de Middlesex (Inglaterra), aos 84 anos de idade, sendo considerado como um dos homens mais famosos do mundo de todos os tempos. Teve um funeral digno de um grande homem, tendo sido homenageado até mesmo por membros do Parlamento Inglês da época. Seus restos mortais descansam na Abadia de Westminster.

Uma estátua foi erguida, em Cambridge, em homenagem à Isaac Newton, na qual se encontra escrito: "ultrapassou os humanos pelo poder de seu pensamento". Em seu epitáfio está escrito a frase do poeta Alexander Pope: "A natureza e as leis da natureza estavam imersas em trevas; Deus disse 'haja Newton' e tudo se iluminou". Newton é considerado como um dos homens mais influentes da história da humanidade.

# Séculos XIX e XX

# Henrietta Leavitt
## (1868 – 1921)

Henrietta Leavitt

Henrietta Leavitt nasceu nos Estados Unidos em 1868, na cidade de Lancaster, no estado de Massachusetts. Seu pai era pastor da Igreja Congregacional. Henrietta tomou gosto pela astronomia e se profissionalizou nesta área. Realizou várias descobertas na astronomia e um de seus grandes feitos foi a descoberta da relação entre a luminosidade e o período* de estrelas variáveis, as chamadas Cefeidas*.

Graduada pela Radcliffe College[25], estudou uma ampla grade curricular, incluindo o grego clássico, belas artes, filosofia, geometria analítica e cálculo. Em 1893, ela obteve créditos para uma pós-graduação em astronomia para o trabalho concluído no Harvard College Observatory. Embora ela tenha recebido pouco reconhecimento em toda a sua vida, foi sua descoberta que permitiu que os astrônomos medissem a distância entre a Terra e as galáxias distantes. Ela explicou sua descoberta: *"Uma linha reta pode ser facilmente desenhada entre cada uma das duas séries de pontos correspondentes aos máximos e mínimos, mostrando assim que existe uma relação simples entre o brilho das variáveis e seus períodos"*.

## Catalogando estrelas

Foi neste observatório que Henrietta começou a trabalhar como uma das "mulheres-computadores", contratadas por Edward Charles Pickering[26], para medir e catalogar o brilho das estrelas como elas apareciam na coleção de placas fotográficas do observatório.

25 Instituição de ensino superior para mulheres, vinculada à Universidade Harvard, em Cambridge, Massachusetts, Estados Unidos.
26  Astrônomo e físico estadunidense (1846 – 1919).

Vale lembrar que no início de 1900, as mulheres ainda não tinham permissão para operar telescópios. Como Henrietta tinha meios independentes, inicialmente Edward Pickering não precisava pagá-la. Mais tarde, ela recebeu US$0,30 por hora pelo seu trabalho, sendo paga apenas US$ 10,50 por semana. Ela era trabalhadora, séria de espírito, pouco dada a atividades frívolas e abnegadamente dedicada à sua família, sua igreja e sua carreira.

## Estrelas variáveis

Edward Pickering designou Henrietta para estudar "estrelas variáveis", cuja luminosidade varia com o tempo. Segundo o escritor de ciência Jeremy Bernstein, *"as estrelas variáveis eram interessantes há anos, mas quando ela estudava essas placas, duvido que Pickering pensasse que ela faria uma descoberta significativa - uma que acabaria por mudar a astronomia"*. Henrietta observou milhares de estrelas variáveis nas imagens das Nuvens de Magalhães*. Em 1908 ela publicou seus resultados nos *Anais do Observatório Astronômico de Harvard College*, observando que algumas das variáveis mostraram um padrão: os mais brilhantes pareciam ter períodos mais longos.

Após um estudo mais aprofundado (em quase 1.800 estrelas) ela confirmou, em 1912, que nas variáveis Cefeidas com maior luminosidade intrínseca, os períodos eram mais longos e a relação era bastante próxima e previsível. Esta descoberta ficou conhecida como "relação período-luminosidade" ou "Lei de Leavitt", a qual é dada matematicamente por: *"o logaritmo do período é linear*

Estrelas variáveis Cefeidas

*e diretamente relacionado ao logaritmo da média da estrela, luminosidade óptica intrínseca, que é a quantidade de energia irradiada pela estrela no espectro visível"*.

Leavitt usou a suposição simplificadora de que todas as Cefeidas dentro de cada Nuvem de Magalhães estavam aproximadamente na mesma distância da Terra, de modo que seu brilho intrínseco pudesse ser deduzido de seu brilho aparente (medido nas chapas fotográficas) e da distância de cada uma das nuvens. *"Como as variáveis provavelmente estão quase na mesma distância da Terra, seus períodos estão aparentemente associados à emissão real de luz, determinada pela massa, densidade e brilho da superfície"*.

## Vela padrão

Henrietta também desenvolveu e continuou a refinar o Padrão de Harvard* para medições fotográficas, uma escala logarítmica que ordena estrelas pelo brilho acima de magnitude 17. Ela inicialmente analisou 299 placas de 13 telescópios para construir sua escala, que foi aceita pelo Comitê Internacional de Magnitudes Fotográficas, em 1913.

A relação período-luminosidade das Cefeidas fez delas a primeira vela padrão* da astronomia, permitindo que os cientistas computassem as distâncias das galáxias remotas demais para que as observações de paralaxe estelar fossem úteis. Um ano depois que Henrietta relatou seus resultados, Ejnar Hertzsprung determinou a distância de várias Cefeidas na Via Láctea e que, com essa calibração, a distância a qualquer Cefeida poderia ser determinada com precisão. Estes tipos de estrelas foram logo detectadas em outras galáxias, como Andrômeda (notavelmente por Edwin Hubble[27] em 1923-24), e elas se tornaram uma parte importante da evidência de que "nebulosas espirais" são, na verdade, galáxias independentes localizadas muito longe de nossa própria Via Láctea.

## Homenagens à mulher-computador

Assim, a descoberta de Leavitt mudaria para sempre nossa imagem do universo, movendo o Sol do centro da galáxia e nossa galáxia do centro do universo. As realizações de Edwin Hubble, o astrônomo americano que estabeleceu que o universo está se expandindo, também foram possíveis graças à pesquisa inovadora de Henrietta Leavitt. Hubble costumava dizer que ela merecia o Prêmio Nobel por seu trabalho. Gösta Mittag-Leffler, da Academia Sueca de Ciências, tentou indicá-la para esse prêmio em 1924, quando descobriu que ela havia morrido de câncer três anos antes. A descoberta de uma maneira de medir com precisão as distâncias em uma escala intergaláctica abriu o caminho para a compreensão da astronomia moderna da estrutura e escala do universo.

Leavitt trabalhou esporadicamente durante seu tempo em Harvard, muitas vezes marginalizada por problemas de saúde e obrigações familiares. Uma doença contraída após a formatura no Radcliffe College tornou-a cada vez mais surda. Em 1921 Henrietta se tornou chefe de fotometria estelar*. No final daquele ano, ela havia sucumbido ao câncer e foi enterrada no terreno da família Leavitt, no cemitério de Cambridge, Massachusetts. *"Sentado no topo*

---

27 Renomado astrônomo norte-americano (1889 – 1953)

*de uma colina suave"*, escreve George Johnson[28] em sua biografia de Leavitt, *"o local é marcado por um alto monumento hexagonal, em cima do qual está um globo apoiado em um pedestal de mármore"*. Uma placa que homenageia Henrietta e seus dois irmãos, Mira e Roswell, está montada em um lado do monumento. Não há epitáfio no túmulo que relembre as realizações de Henrietta na astronomia.

Leavitt foi membro da Associação Americana de Mulheres Universitárias, da Sociedade Americana de Astronomia e Astrofísica, da Associação Americana para o Avanço da Ciência e membro honorário da Associação Americana de Observadores de Estrelas Variáveis. Sua

**Mulheres-computadores**

morte prematura (aos 53 anos) foi vista como uma tragédia por seus colegas por razões que foram além de suas conquistas científicas.

Em um obituário, seu colega, Solon I. Bailey, observou que *"ela tinha a feliz faculdade de apreciar tudo o que era digno e amável nos outros, e possuía uma natureza tão cheia de Sol que, para ela, toda a vida se tornou bela e cheio de significado"*. Após a morte de Leavitt, Edwin Hubble usou a relação de luminosidade-período para as Cefeidas, juntamente com as mudanças espectrais medidas pelo astrônomo Vesto Slipher, no Lowell Observatory (Arizona, Estados Unidos), para determinar que o universo está se expandindo.

O asteroide 5383 Leavitt e a cratera Leavitt na Lua recebem o nome dela para homenagear homens e mulheres surdos que trabalharam como astrônomos. O nome de Henrietta Leavitt foi indicado ao Prêmio Nobel – mesmo após sua morte - pela comunidade astronômica da época, mas ela nunca foi nomeada porque este prêmio não é concedido postumamente. Um dos telescópios ASAS-SN, localizado no Observatório McDonald, no Texas (Estados Unidos), foi nomeado em sua homenagem.

---

28 Jornalista e escritor norte-americano; nasceu em 1952

# Albert Einstein
## (1879 – 1955)

Albert Einstein

lbert Einstein nasceu em Ulm, Alemanha, no dia 14 de março de 1879. Considerado o maior físico teórico de todos os tempos, tendo desenvolvido, dentre inúmeros feitos, a Teoria da Relatividade Geral*. Esta que foi um dos pilares da Física Moderna ao lado da Mecânica Quântica*. Albert nasceu em uma família de judeus alemães. Hermann Einstein, seu pai, trabalhava em sua oficina eletrotécnica, com interesse aos assuntos e descobertas na área da eletricidade. Na ocasião do nascimento de Albert, os negócios da família não iam muito bem. Devido a isso, decidiram mudar para uma cidade maior (Munique) onde tivessem melhores condições de prosperidade financeira.

Foi exatamente aí que Einstein recebeu seus primeiros ensinamentos na educação primária e secundária. Não apresentava traço algum de genialidade em tenra idade, sendo considerado um aluno como qualquer outro. Consta que até a idade de nove anos sua aprendizagem foi até mesmo mais lenta do que os demais colegas de classe.

Mas, tudo deve ter começado na cabeça infantil de Einstein quando, aos quatro anos, ganhou uma bússola de presente de um tio seu. Sentiu-se perturbado ao observar aquela setinha marcar sempre a mesma direção independentemente para qual lado e direção estivesse virada. Esse fato mexeu com o pequeno Albert! Na escola, sempre teve dificuldades em seguir as regras rígidas impostas pelos diretores e professores, onde os alunos eram obrigados a saber tudo decorado: história, francês, geografia, etc. Não gostava desse método de ensino ou dessas disciplinas, apresentando, desde cedo, mais facilidade em raciocinar, pensar, filosofar. Não foi à toa que obtinha notas boas em matemática. Albert ganhou um livro sobre álgebra elementar, quando tinha doze anos. Ficou fascinado com os números, tomando mais gosto ainda pela matemática. Certa vez um de seus professores chegou a afirmar que o garoto se mostrava muito "distante", desatento, e que não seria alguém de sucesso na vida. Dizem que chegou a ser suspenso da escola algumas vezes. Por fim, concluiu o ginásio, o que lhe permitiu fazer exames para admissão em curso superior.

## Escola Politécnica: estudos e docência

Transferiu-se para a Suíça onde, ainda muito jovem, iniciou seus estudos na Escola Politécnica de Zurique[29]. No ano de 1900 graduou-se em física e matemática, e teve como colega Mileva Marić, a única mulher da sala. Ela, com quem posteriormente veio a se casar (1903) e ter dois filhos: Hans Albert e Eduard. Relata-se que Einstein não foi um aluno exemplar, exatamente por estar com a mente em outras questões que o inquietava, principalmente o eletromagnetismo e a gravidade. Preferia ficar em casa, estudando e lendo grandes nomes da época (Hertz, Boltzmann, Helmholtz, dentre outros). A mente do jovem estava longe. Vários de seus ex-professores da faculdade, ao lerem os artigos publicados por Einstein, pouco tempo depois de formado, ficaram surpresos e se perguntavam se aqueles escritos eram realmente de Einstein. Certamente supunham que seu ex-aluno não seria capaz de tal feito grandioso.

Após ter-se graduado na faculdade, Einstein não conseguiu arrumar, de imediato, o emprego pretendido: o de professor-assistente na sua Universidade. Nesse ínterim, enquanto batia de porta em porta oferecendo seus préstimos, ministrava aulas numa escola secundária, sem grandes expressões. Dois longos anos se passaram até que conseguiu um emprego fixo no escritório de patentes suíço. Com alguns amigos que conheceu em Berna, começou um pequeno grupo de discussão, autodenominado *Academia Olímpia*, que se reunia regularmente para discutir ciência e filosofia.

Nessa mesma época se ingressou no doutoramento da Universidade de Zurique. Era difícil ver Albert trabalhando num ofício que não gostava, mas tinha de suportá-lo, pois precisava arcar com suas despesas pessoais e familiares. O que aconteceu é que entre uma folga e outra no trabalho, se debruçava a estudar e pesquisar sobre a física e matemática. Enquanto professor, Einstein, apesar de sua enorme inteligência, não era detentor de uma didática perfeita, talvez pelo que sabia e pelo como deveria ensinar

---

29 Fundada em 1853, é considerada uma das dez melhores universidades do mundo.

seus alunos em seus espectros de percepção e assimilação dos conteúdos. Mas, apesar disso, seus pupilos gostavam do professor Einstein, pela sua simplicidade e modéstia. Ele era dócil com seus alunos.

## A Relatividade

Escola Politécnica de Zurique

Finalmente, em 1912 conseguiu o cargo que tanto almejava: a Escola Politécnica de Zurique o contratou como professor catedrático. Mas foi por pouco tempo. No ano seguinte, recebe uma proposta irrecusável, a de ser Diretor de Física do Kaiser Wilhelm Institute, em Berlim. Aceitou de prontidão, não só pelo cargo em si, mas, principalmente pelo fato de ficar liberado de sala de aula. Assim dedicou-se por inteiro às pesquisas científicas. Uma nova fase de realizações na vida de Einstein estava só começando.

O ano de 1905 foi um período muito frutuoso para Einstein, a ponto de ser chamado de "ano miraculoso". Neste ano o cientista publicou quatro relevantes trabalhos: Efeito Fotoelétrico, Relatividade Geral, Equivalência entre Massa e Energia e Movimento Browniano. No ano seguinte recebeu o título de doutor. No período entre 1905 e 1916, o cientista escreveu e publicou uma enorme gama de artigos e produções científicas, inéditas e revolucionárias. Uma das primeiras foi exatamente a que tratava da Teoria da Relatividade Especial* (ou restrita), onde os corpos estudados deveriam ser referenciais inerciais* entre si.

Mas, percebendo que essa teoria também deveria ser estendida a campos gravitacionais e referenciais não-inerciais (acelerados), Einstein desenvolveu uma segunda etapa desses estudos. Com essa complementação, então, escreveu e publicou sua teoria completa, a qual foi chamada de Teoria da Relatividade Geral*. Esta que iria dar uma nova roupagem ao entendimento do Universo, tendo dado à luz a chamada Cosmologia Moderna. Neste período também lançou a Teoria dos Fótons, baseada nas propriedades térmicas da luz. Einstein chegou a publicar mais de 300 trabalhos científicos.

Com tantas publicações e descobertas se tornou muito conhecido e popular, não só no meio acadêmico, mas pela sociedade como um todo. Passou, então, a ser convidado a dar palestras e explanações acerca de seus feitos científicos, inicialmente na Europa e depois nos quatro cantos do mundo, incluindo no Brasil. Tornou-se uma celebridade mundial, um novo ícone na história da humanidade, recebendo prêmios internacionais e sendo até mesmo convidado a se tornar Chefe de Estado[30]. Apesar de vários convites neste sentido Einstein não se envolveu com a política, muito pelo contrário. Preferiu dispensar seu tempo em estudos e pesquisas e na disseminação desses.

## Curvatura da luz

Voltando ao ano de 1911, Einstein participou da 1ª Conferência de Solvay[31] (Bruxelas). Nesta, se reuniram os expoentes na área científica da época, incluindo Marie Curie e Max Planck. Einstein afirmou que a luz de uma estrela, ao passar nas mediações do Sol, sofreria uma curvatura devido à gravidade deste. Esta previsão de Einstein foi confirmada em maio de 1919, durante um eclipse solar, por meio de observações feitas por uma equipe de estudiosos britânicos, liderada por Sir Arthur Eddington[32]. Esta notícia foi estampada nas primeiras páginas dos principais jornais da Europa e Estados Unidos. Einstein se tornou ainda mais respeitado e famoso da noite para o dia. Albert recebeu o Prêmio Nobel de Física em 1921, não pela sua Teoria da Relatividade, mas pela descoberta do Efeito Fotoelétrico*. Einstein viria a receber inúmeras condecorações, prêmios e medalhas pela sua relevante contribuição à ciência.

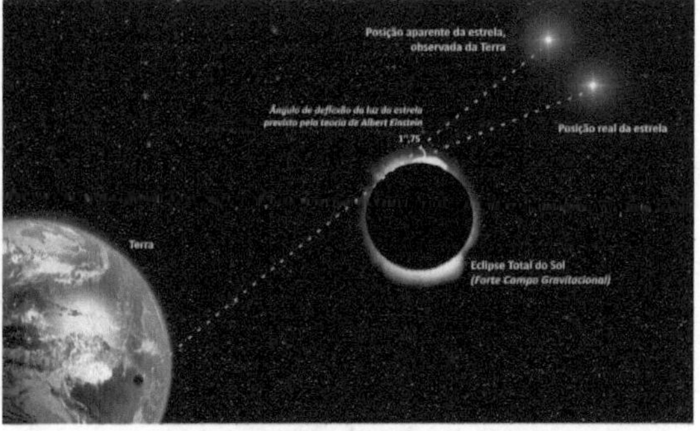


Em 1921 esteve em Nova Iorque pela primeira vez. Foi recebido pelas autoridades políticas e científicas, tendo feito várias palestras e conferências nas

---

30 Em 1952, Einstein foi convidado, pelo então presidente de Israel, para presidir essa nação, ora nascente.

31 As Conferências da Solvay são uma série de conferências científicas, celebradas desde 1911, onde se reuniam os mais consagrados cientistas da época.

32 Astrofísico britânico (1882 – 1944).

Universidades de Princeton e Columbia. Albert chegou, inclusive, a fazer uma visita oficial à Casa Branca, em Washington. Voltando à Europa, veio a se encontrar com cientistas de vários países, políticos e intelectuais. No ano seguinte, Einstein saiu para um período de seis meses de palestras e conferências, estando em diversos países da Ásia.


## Cidadania norte-americana

Em 1925, viajou para alguns países da América do Sul, dentre eles Brasil, Uruguai e Argentina. Nessa oportunidade fez inúmeras palestras e conferências, além de ter visitado universidades e centros de pesquisas desses países. Em 1930 esteve nos Estados Unidos pela segunda vez, já famoso e consagrado pelos seus trabalhos e descobertas. Conta-se que nessa ocasião foi necessário lhe conceder segurança devido ao assédio da imprensa e do público em geral. Einstein deu inúmeras entrevistas e recebeu vários convites para conferências e palestras. Em sua extensa agenda, grande parte desses convites foram atendidos.

Em fevereiro de 1933, durante uma nova visita aos Estados Unidos, Albert decidiu não voltar para a Alemanha devido à ascensão do partido nazista ao poder com seu novo chanceler Adolf Hitler. Sua casa havia sido invadida pelos nazistas e seu veleiro pessoal confiscado. Foi imediatamente ao consulado alemão onde apresentou seu passaporte e formalmente renunciou à cidadania alemã. No mesmo dia enviou uma carta na qual apresentou sua renúncia à Academia Prussiana de Berlim[33].

No início de abril daquele ano, soube que o novo governo alemão tinha instituído leis que proibiam os judeus de ocupar cargos oficiais, incluindo lecionar em universidades. As obras de Einstein estavam entre os alvos da queima de livros dos nazistas. Albert também tomou conhecimento de que seu nome estava em uma lista de alvos de assassinato, com uma "recompensa de 5 mil dólares por sua cabeça". Ele nunca mais voltou para a Europa. Em 1937 completou a versão final de um artigo sobre Ondas Gravitacionais.

No dia 1º de outubro de 1940 Einstein se tornou cidadão norte-americano. Pouco tempo depois de ter ingressado na Universidade de Princeton[34] expressou elogios à meritocracia da cultura americana. Ele reconheceu o "direito dos indivíduos a dizer e pensar o que quisessem", sem algum tipo de barreira ou perseguição. Com isso, o indivíduo era incentivado

33 Academia de Ciências da Prússia, fundada no ano de 1700, em Berlim (Alemanha).
34 Prestigiada instituição de ensino e pesquisa, localizada na cidade de Princeton, Nova Jérsei, nos Estados Unidos.

a ser mais criativo.

Após estudos sobre a Relatividade Geral*, Einstein tentou sobremaneira sintetizar sua Teoria Geométrica da Gravitação no sentido de incluir o eletromagnetismo como outro aspecto da mesma entidade. Sua Teoria do Campo Unificado foi publicada, na forma de artigo, na revista *Scientific American* (1950), com o título *Sobre a Teoria da Gravitação Generalizada*. O desejo de Einstein de unificar a gravidade com as demais leis da física leva os estudos modernos a caminharem em direção à Teoria de Tudo* e, especialmente, à Teoria das Cordas*. Nestas os campos geométricos aparecem num ambiente da mecânica quântica.

Tentando modelar a estrutura do Universo como um todo, Einstein aplicou a Teoria da Relatividade Geral, no ano de 1917. Ele pensava, hipoteticamente, em um Universo imutável e eterno, o que seria inconsistente com a relatividade. Para fazer esta correção alterou a Relatividade introduzindo nesta a "constante cosmológica*". Se esta fosse positiva teríamos um universo esférico e estático. Albert acreditava que assim seria preferível porque obedecia ao Princípio de Mach*. Esta nova teoria leva em consideração as descobertas feitas na Relatividade Restrita sobre o espaço e o tempo e propõe a generalização do princípio da relatividade do movimento para sistemas que incluam campos gravitacionais. Isto implicaria profundamente no que já se sabia sobre estas grandezas levando à conclusão, dentre muitas, de que a matéria curva o espaço e o tempo ao redor, ou seja, a gravitação seria um efeito da geometria do espaço-tempo. Em alguns aspectos as previsões da Relatividade Geral se diferem substancialmente das da física clássica; em particular, no que diz respeito à contagem do tempo, ao movimento dos corpos em queda livre, à propagação da luz e à geometria do espaço.

Nestas chamadas diferenças se incluem o desvio para o vermelho (luz) e dilatação e atraso gravitacional do tempo. Previsões da Relatividade Geral foram confirmadas em todas as observações e experimentos até o presente. Embora esta teoria não seja a única teoria relativística da gravidade, é a mais simples das teorias que são consistentes com dados experimentais. Mesmo assim, ainda persistem questões sem resposta. Talvez a mais fundamental delas seja explicar como a Relatividade Geral pode ser conciliada com as leis da física quântica para produzir uma teoria completa da gravitação quântica*. A teoria de Einstein tem importantes implicações astrofísicas. Ela aponta para a existência de buracos negros* - regiões no espaço onde o espaço e o tempo são distorcidos de tal forma que nada, nem mesmo a luz, pode escapar, como um estado final para as estrelas maciças. Há evidências de que esses buracos negros estelares, bem como outras variedades maciças de buracos negros são responsáveis pela intensa radiação emitida por certos tipos de objetos astronômicos, tais como núcleos ativos de galáxias ou microquasares*. É sabido que a luz sofre desvio devido à gravidade. A Relatividade fez a previsão, também, das ondas gravitacionais, as quais tiveram sinalização de constatações feitas pelo LIGO[35].

## Einstein e a Astronomia

Einstein deixou também um enorme legado à astronomia. Por exemplo, a órbita de Mercúrio em torno do Sol foi explicada por sua Teoria da Relatividade. Para um observador que se encontrasse "acima" do Sistema Solar ele viria que a órbita desse planeta não é regular formando um tipo de uma pequena rosa. Este fenômeno é chamado pelos astrônomos de "a precessão* do periélio* de Mercúrio". Através de sua teoria, Einstein conseguiu calcular este movimento com extrema precisão.

Outro ponto de fundamental importância para a astronomia foi o fato de Einstein ter anunciado que o espaço e o tempo não eram absolutos, mas que estes poderiam ser "esticados". Ou seja, na presença de grandes massas estas duas grandezas se comportariam como que um "tecido elástico". Nos dias atuais não há como estudar a Cosmologia, as grandes estruturas do Universo, sem se levar em consideração a Teoria da Relatividade.

E   energia

m   massa

c   velocidade da luz

(300.000 km/s)

Sendo assim, devido à velocidade ser extremamente alta, então uma pequena massa pode gerar enormes energias. Os núcleos das estrelas apresentam temperaturas elevadíssimas, na ordem de grandeza de dezenas ou até mesmo centenas de milhões de graus. Este fator provoca uma energia cinética* elevadíssima nos átomos de hidrogênio que, mesmo sendo de dimensões ínfimas, podem produzir enormes quantidades de energia. O

35 Sigla em inglês para Observatório de Ondas Gravitacionais por Interferômetro Laser. Projeto este fundado em 1992 (Estados Unidos da América).

nosso Sol já o faz por aproximadamente 5 bilhões de anos e estima-se que continuará produzindo energia por um período de tempo semelhante. Quando tiver queimado praticamente quase todo seu hidrogênio, esta estrela sairá da sequência principal* e se tornará uma gigante vermelha*, terminando depois seu ciclo de vida. Só para termos um quadro comparativo da potência do Sol, este fornece 400 trilhões de trilhões de watts.

## Ondas gravitacionais

De forma simplificada, as ondas gravitacionais são ondulações no tecido rígido e duro do espaço-tempo produzidas pelos fenômenos mais violentos que o cosmos pode oferecer: explosões e colisões entre estrelas de nêutrons* ultradensas ou fusões de buracos negros, por exemplo. As ondas gravitacionais atingem a Terra o tempo todo, mas nossos instrumentos não eram sensíveis o suficiente para detectá-las até há pouco tempo.

No ano de 1916, Einstein propôs que as ondas gravitacionais poderiam ser uma consequência natural de sua Teoria Geral da Relatividade, que diz que objetos com massas muito grandes distorcem o tecido do tempo e do espaço: um efeito que sentimos como a gravidade. Deste modo, objetos muito massivos e que se movem em espiral na direção um do outro, podem produzir rugas no espaço-tempo e enviar essas distorções pelo universo (na velocidade da luz), semelhantemente a ondas que se espalham por um lago. Segundo Shane Larson, astrofísica da Universidade de Northwestern (Illinois, Estados Unidos) e membra da colaboração científica do LIGO, as ondas gravitacionais "propagam distúrbios da forma do espaço-tempo".

Para entender como Albert conseguiu prever a existência de ondas gravitacionais, ainda que não pudesse detectá-las, faz-se necessário compreender por que seria necessário que algo como uma onda gravitacional existisse. Peguemos, como exemplo, a interação de nosso planeta com o Sol. A Terra continua em sua órbita aproximadamente circular ao redor do Sol por causa da atração gravitacional deste, cujo tamanho da órbita depende de sua massa. Mas, se esta estrela começasse a perder massa, de modo substancial e rápido, a maior parte do Sol iria permanecer praticamente no mesmo lugar. Por outro lado, seria afetada a órbita da Terra. Pelo fato do Sol estar menos massivo, então a interação gravitacional Sol-Terra iria diminuir, o que provocaria um aumento no raio médio da órbita de nosso planeta, distanciando-o de nossa estrela vizinha.

Mas, quanto tempo levaria a Terra em perceber tal mudança no Sol, sua perda de massa? Esta é a grande questão. Ela começa a embarcar em seu novo curso imediatamente, ou é preciso um período para que a Terra perceba que algo aconteceu com o Sol? Dado que, de acordo com a teoria de Einstein, nada pode viajar mais rápido do que a luz, a Terra não saberia que o Sol estava perdendo massa por pelo menos oito minutos - o tempo que levaria para a luz viajar do Sol para a Terra. Uma "mensagem" deveria ser enviada do Sol ao nosso planeta, mas numa velocidade que não ultrapassasse a velocidade da luz. Esta tal mensagem viajaria na forma de uma onda gravitacional, a qual iria transmitir a informação de que a forma do espaço-tempo estaria mudando. Alguns observatórios, que detectam este tipo de onda, em operação, ou ainda em construção, se encontram ao redor do mundo. Neste âmbito, o Prêmio Nobel de Física, em 2017, foi concedido aos pesquisadores Rainer Weiss, Kip Thorne e Barry Barish, pelo trabalho desenvolvido em detectar ondas gravitacionais. Estes três cientistas são físicos norte-americanos: Rainer é professor emérito do Instituto de Tecnologia de Massachusetts e professor associado da Universidade do Estado da Luisiana; Kip e Barry são professores e membros do Instituto de Tecnologia da Califórnia.

## Buracos de minhoca

O universo é literalmente de dimensões astronômicas, sendo até mesmo difícil para se ter a noção de seu tamanho. Como referencial, para se percorrer o seu diâmetro, ou seja, ir de uma extremidade a outra do universo, teria que ser uma viagem de 92 bilhões de anos e viajando à velocidade da luz (300.000 km/s).

Todos os nossos planetas vizinhos, estrelas e galáxias estão extremamente distantes de nós. A estrela mais próxima da Terra é o Sol, o qual está a uma distância aproximada de 150 milhões de quilômetros. A outra estrela mais próxima de nós é chamada de Próxima Centauri que fica a 4,2 anos-luz* de distância. As naves espaciais, com a tecnologia que detemos na atualidade, gastariam mais de 80 mil anos para chegar até Próxima Centauri. Situação que mudaria se pudéssemos viajar através dos buracos de minhoca*. A ficção científica é recheada de histórias sobre este tipo de viagem, mas na verdade elas são muito mais complicadas de serem feitas do que parece.

O primeiro problema é o tamanho de um buraco de minhoca, o qual pode existir em níveis microscópicos. No entanto, à medida que o universo se expande, é possível que alguns possam ter sido esticados em tamanhos maiores. "Pode ser que eles ocorram apenas em escalas subatômicas e durem frações de segundo", afirma Paul Davies, físico e cosmólogo teórico da Universidade do Arizona, Estados Unidos. Para ele, "buracos de minhoca grandes o suficiente para que um ser humano possa viajar, podem exigir uma nova física, que ainda não foi descoberta".

O estudo da teoria dos buracos de minhoca se deu, inicialmente, por meio dos físicos Albert Einstein e Nathan Rosen[36]. Eles acreditavam na possibilidade de ser possível se realizar viagens no tempo por meio de buracos que atuam como portais que permitiriam a passagem entre o futuro e passado, ou mesmo fazer a ligação entre duas regiões distantes do espaço. Esta teoria defende, hipoteticamente, a possibilidade da viagem no tempo. Essa ideia baseia-se na Teoria da Relatividade, que defende que toda massa curva o espaço-tempo. O intuito é unir dois pontos diferentes no espaço-tempo e que seja capaz de reduzir o tempo e a distância em uma viagem desse gênero. A Relatividade afirma ser possível a existência de tais buracos.

Conhecida também como Pontes de Einstein-Rosen, esta teoria defende que essas pontes possuam duas aberturas as quais são interligadas por uma espécie de túnel que pode ser reto tanto quanto em forma de espiral. Estudos recentes acreditam que a Via Láctea pode conter um gigantesco túnel galáctico, permitindo a passagem da viagem humana. Para se ter uma conclusão positiva sobre o assunto seria preciso fazer um quadro comparativo com outras galáxias semelhantes à nossa, algo ainda distante de ocorrer.

Segundo Andrew Hamilton[37], "você adentraria por um buraco negro e sairia diretamente por um buraco de minhoca, que proporcionaria a mudança do fluxo espacial, ocasionando em uma espécie de aceleração para trás. Após, você sai pela outra extremidade, chamada de buraco branco*, que nada mais é que a mesma versão do buraco negro, mas invertido, o que proporcionaria que você chegasse ao outro ponto com o tempo diferente do qual você

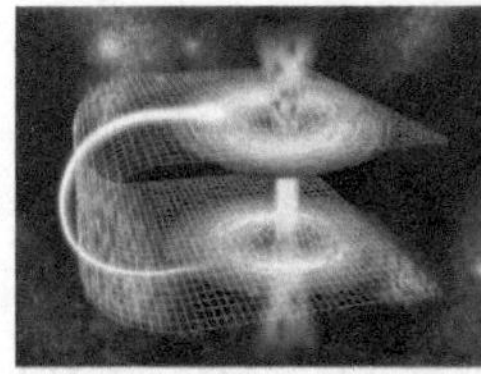 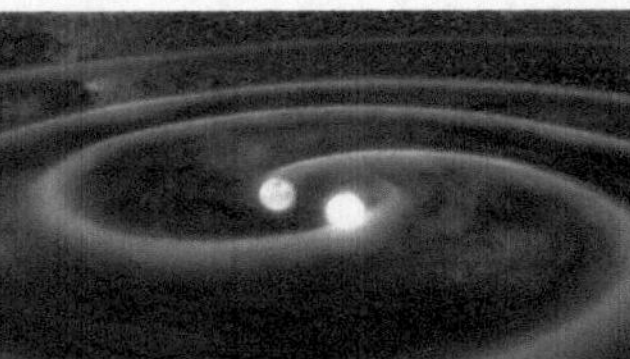 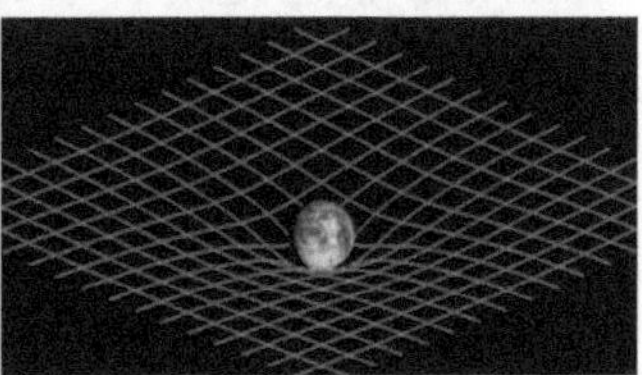

| Buraco de minhoca | Ondas gravitacionais | Distorção do espaço-tempo |

---

36 Físico norte-americano naturalizado israelense (1909 – 1995).
37 Cosmólogo e astrofísico norte-americano.

entrou. Dessa forma, você sairia do passado e cairia no futuro. Se movendo por esse buraco branco, ainda seria possível, através de um *flash*, você conter uma imagem com todas as informações do seu passado, possibilitando uma viagem de volta".

## Final da vida de Einstein

No ano de 1950, os médicos de Einstein descobriram que um aneurisma em sua aorta abdominal estava ficando maior. Diz-se que Albert parecia ter recebido bem a notícia, mas, não se sabe o porquê, recusou qualquer intervenção cirúrgica para corrigir o problema. Os profissionais da área da saúde, que acompanhavam o cientista, relatam que Einstein disse: "quero ir quando eu quiser. É de mau gosto ficar prolongando a vida artificialmente. Fiz a minha parte, é hora de ir embora e eu vou fazê-lo com elegância». Einstein assinou seu testamento no dia 18 de março de 1950. Sua secretária, Helen Dukas, e o amigo Otto Nathan, foram nomeados como seus executores literários; deixou todos os seus manuscritos para a Universidade Hebraica de Jerusalém, escola que ajudou a fundar em Israel. O seu estimado violino ficou para seu primeiro neto, Bernhard Caesar Einstein.

Albert organizou seus assuntos funerários ainda em vida. Escolheu que fosse uma cerimônia simples e sem lápide, e pediu para não ser enterrado. Segundo Einstein, ele não queria que seu túmulo se tornasse um local turístico e, ao contrário da tradição judaica, pediu que seu corpo fosse cremado.

Na madrugada de uma segunda-feira, em 18 de abril de 1955, morre Einstein no Hospital de Princeton, aos 76 anos de idade, após ter trabalhado praticamente até este dia. As últimas palavras pronunciadas pelo físico (em alemão) não foram entendidas pela enfermeira que o assistia naquele instante. Thomas Stoltz Harvey, patologista de plantão do Hospital de Princeton, removeu o cérebro de Einstein para preservação durante a autopsia. Thomaz dissecou o órgão em cerca de 240 seções. Este fato se tornou público e o patologista reuniu a imprensa para dizer que pretendia estudar o órgão para a ciência.

Seus restos mortais foram cremados e suas cinzas provavelmente foram espalhadas ao longo do rio Delaware, perto de Princeton. O físico nuclear Robert Oppenheimer, em sua palestra no memorial de Einstein, exprimiu sua impressão: "era quase totalmente sem sofisticação e totalmente sem mundanismo [...] Havia sempre com ele uma pureza maravilhosa ao mesmo tempo infantil e profundamente teimosa".

A vida deste grande cientista sempre foi recheada de situações inusitadas, curiosas. Einstein era indiferente com dinheiro e bens materiais. Uma vez, a faxineira de sua casa, ao limpar sua escrivaninha, se deparou com um cheque de US$ 1,500.00 (um mil e quinhentos dólares) sendo usado por Einstein como marca-página. Detalhe: a data do cheque era de vários meses passados. Decididamente o cientista não ligava com dinheiro, havendo uma época em que ele sustentou, por algum tempo, 150 famílias em Berlim.

Devido à sua fama ter se expandido tão rápida e amplamente, Einstein recebia propostas financeiras para suas palestras. No início ele até entendia que estava a serviço e colaboração à ciência, mas como não se sentia bem ao receber valores para proferir suas palestras, o cientista tomou uma decisão firme: de certo dia em diante decidiu a não ficar com nenhum centavo do que viria a receber, doando a metade para sua família e a outra para creches e asilos. Einstein não foi tão somente um cientista de imensurável destaque, mas, antes da ciência, fora um grande homem, um humanista

Einstein em visita ao Telescópio Yerkes em 06 de maio de 1921

# Edwin Hubble
## (1889 – 1953)

Edwin Powell Hubble foi um astrônomo norte-americano. Nasceu no dia 20 de novembro de 1889 na cidade de Marshfield, Missouri, EUA, e faleceu em 28 de setembro de 1953, San Marino, Califórnia. Ficou famoso, dentre outros fatores, pelo fato de ter descoberto que as nebulosas eram na verdade galáxias fora da Via Láctea, e que estas se afastam umas das outras em uma velocidade proporcional à distância que as separa.

## Universos-ilha

Edwin Hubble

Thomas Wright (1711 – 1786), astrônomo inglês, sugeriu que as chamadas "manchas luminosas", as quais eram tidas como estrelas da Via Láctea, poderiam ser sistemas semelhantes à nossa galáxia. Esses pontos pareciam ser muito pequenos, mas na verdade era uma ilusão de ótica; pareciam ser assim exatamente devido ao fato de estarem a enormes distâncias de nossos olhos. Immanuel Kant (1724 – 1804), filósofo alemão, foi um dos grandes defensores desta ideia. Sua proposta ficou conhecida como a hipótese dos "universos-ilha*", a qual levou algum tempo para ser considerada como procedente.

Dentro desse contexto, aparece Edwin Powell Hubble. Grande parte de seus estudos se deu na Inglaterra. Hubble, além de astrônomo, foi na juventude pugilista e treinador de time de basquete no *High School*[38]. Em 1990 foi lançado o primeiro telescópio espacial, o qual homenageou o astrônomo levando o seu nome.

38  Sistema escolar semelhante ao Ensino Médio, no Brasil.

Edwin não foi um aluno excepcional, de destaque, mas promissor. Graduou-se em Direito pela Universidade de Chicago em 1910, tornando-se advogado, como o seu pai, John Powell Hubble. Por algum tempo exerceu essa profissão antes de se render e dedicar integralmente à matemática e à astrofísica. Em 1914 foi aceito como pesquisador no Observatório Yerkes (Wisconsin, Estados Unidos), quando passou a se dedicar à classificação das nebulosas como pertencentes ou não à Via Láctea. Transferiu-se para Pasadena (Califórnia) cinco anos mais tarde, onde iniciou suas pesquisas no Observatório do Monte Wilson[39], trabalhando neste local até sua morte, em 1953. Neste observatório, desempenhou suas atividades utilizando-se de um potente telescópio refletor.

Após conhecer a relação entre luminosidade e período das Cefeidas, bem como o brilho aparente destas e de Andrômeda[40], em 1923 Hubble conseguiu calcular a distância entre as galáxias Andrômeda e a Via Láctea, obtendo um valor pouco menor que 1 milhão de anos-luz. Mesmo não tendo sido um valor correto, pois atualmente sabe-se que a distância supera 2 milhões de anos-luz, o cientista mostrou que ela estava bem além dos limites de nossa galáxia, que tem cem mil anos-luz de diâmetro.

Desse modo ficou demonstrado que Andrômeda era na verdade uma galáxia independente. Nos meses seguintes, sua pesquisa descobriu várias outras galáxias, mostrando que tantas delas eram semelhantes à nossa. Essas descobertas não chamaram muito a atenção da imprensa, mas o fato é que no ano seguinte Hubble recebeu certa quantia em dinheiro devido suas contribuições para a ciência. Dando prosseguimento às pesquisas, começou a classificar as galáxias por seus formatos como elípticas ou espirais.

## Afastamento das galáxias

Edwin também começou a estudar as distâncias em que as galáxias tinham entre si e em relação à Via Láctea. O astrônomo publicou sua descoberta inicialmente em 1924 no jornal *The New York Times*. Somente um ano depois é que seu feito foi passado oficialmente à comunidade científica, em reunião ocorrida na Sociedade Astronômica Americana. No ano de 1929, Hubble provou que as galáxias se distanciam em alta velocidade, e que esta aumentava com a distância de afastamento. A relação entre a velocidade e a distância da Terra é conhecida como Lei de Hubble e a razão entre os dois

---

39 Observatório astronômico no Condado de Los Angeles, Califórnia, Estados Unidos.
40 Galáxia espiral localizada a cerca de 2,54 milhões de anos-luz de distância da Terra.

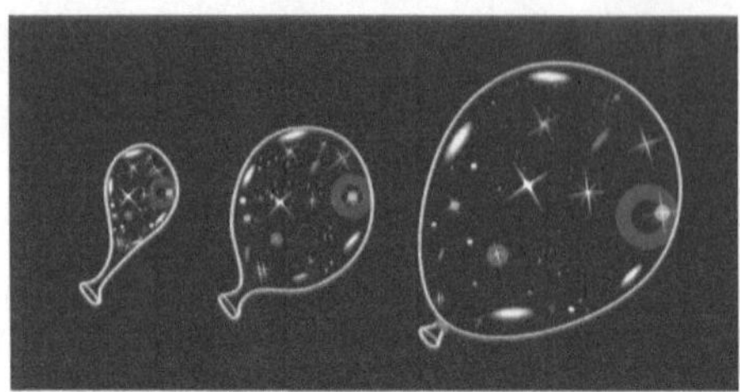

**Expansão do Universo (ilustração)**

valores é conhecida como Constante de Hubble. Baseado nas descobertas de Hubble, pode se estabelecer a famosa teoria do *Big Bang*, a qual é considerada pela comunidade astronômica internacional, como a que melhor explica o surgimento e expansão do universo.

Edwin analisou a luz emitida pelas galáxias distantes, observando que o comprimento de onda $\lambda$ ("lâmbda"), em alguns casos, era maior que aquele obtido em laboratório. Esse fenômeno é conhecido como Efeito Doppler*, o qual ocorre quando a fonte e o observador se movem. Quando se afastam um do outro, o comprimento de onda visto pelo observador aumenta, diminuindo quando a fonte e o observador se aproximam. Se uma galáxia estiver se aproximando, a luz desloca-se para a cor azul e se estiver se afastando a luz desloca-se para a cor vermelha. Em cada caso, a variação relativa do comprimento é proporcional à velocidade com que a fonte se move.

Desse modo, ficou evidente que o universo era bem maior do que se pensava. Foi atribuído a Hubble, em 1929, o entendimento de expansão do Cosmos. Hubble observou que quanto mais distante estava uma dada galáxia, a luz emitida por ela parecia mais avermelhada. Ninguém, nem mesmo ele, poderia imaginar que aglomerados distantes pudessem ser realmente vermelhos. O que acontecia, era que a própria luz da galáxia estava sendo distorcida, com frequências se desviando para o vermelho, fenômeno este que foi chamado de *redshift*. Quanto mais longe uma galáxia se encontrasse, mais rapidamente ela se distanciava, fazendo com que sua luz se desviasse para o vermelho, já que apresenta comprimentos de onda $\lambda$ maiores.

Este fenômeno não era de todo desconhecido, pois seria equivalente ao que ocorre com as ondas sonoras. O exemplo clássico é o da sirene de uma ambulância se deslocando. Ao se aproximar de nós o som da sirene apresenta um certo tom; ao passar por nós e se distanciar, o tom se altera. Isso caracteriza o fenômeno chamado de Efeito Doppler. O tal desvio para o vermelho (*redshift*) das galáxias seria uma versão ondulatória deste efeito. Mas, caso um enorme aglomerado de estrelas esteja se aproximando, ao invés de se distanciar, sua luz desvia para o azul, cujo comprimento de onda $\lambda$ é maior.

O fato de que o espaço estaria se expandindo, como concluira Hubble, tornou-se a primeira evidência concreta de que houve realmente um *Big Bang*, um começo extremamente expansivo para o universo. Isto corroborou a Teoria da Relatividade Geral de Einstein, apresentada em 1915. Em 1917, Einstein aplicou sua teoria ao universo inteiro, chegando à conclusão de que o Cosmos estaria em expansão ou em contração, mas nunca estático.

Hubble, após ter sido condecorado com a medalha de ouro da Real Sociedade de Astronomia de Londres, em 1940, e com a medalha presidencial do mérito dos Estados Unidos, em 1946, passou a utilizar o telescópio Hale, no Monte Palomar (Pasadena), para estudar objetos estelares fracos*.

## Classificação das galáxias

As galáxias não apresentam a mesma forma geométrica. A maioria delas têm formas mais ou menos regulares e se enquadram em algumas classes gerais: espirais, espirais barradas e elípticas. As chamadas irregulares são aquelas que não apresentam forma definida.

## Galáxias espirais (S)

Estes tipos de galáxias, quando vistas de frente, apresentam uma clara estrutura espiral. A nossa própria galáxia é uma espiral típica. Elas possuem um núcleo, um disco, um halo*, e braços espirais. Elas são subdivididas nas categorias Sa, Sb e Sc, de acordo com o grau de desenvolvimento e enrolamento dos braços espirais e com o tamanho do núcleo comparado com o do disco.

Onde:

**Sa** = núcleo maior, braços pequenos e bem enrolados
**Sb** = núcleo e braços intermediários
**Sc** = núcleo menor, braços grandes e mais abertos

## Galáxias espirais barradas (SB)

Praticamente 50% de todas as galáxias discoidais apresentam uma estrutura em forma de barra atravessando o núcleo, as quais são chamadas barradas. Na classificação feita por Hubble, elas são identificadas pelas iniciais SB e se subdividem nas categorias SB0, SBa, SBb, e SBc, e seus braços normalmente partem das extremidades da barra.

Ainda não é bem compreendido o fenômeno de formação da barra, mas tudo leva a crer que ela seja a resposta do sistema a um tipo de perturbação gravitacional periódica, ou ainda como uma consequência de uma assimetria na distribuição de massa no disco da galáxia. Alguns pesquisadores acreditam que a barra seja, pelo menos em parte, responsável pela formação da estrutura espiral, assim como por outros fenômenos evolutivos em galáxias.

## Galáxias elípticas (E)

Estas galáxias apresentam forma esférica ou elipsoidal, e não têm estrutura espiral. Apresentam baixa concentração de gás, poeira e estrelas jovens. As galáxias elípticas variam muito de tamanho, desde anãs até supergigantes. São galáxias com diâmetros de milhões de anos-luz, ao passo que as menores têm somente poucos milhares de anos-luz em diâmetro.

As elípticas gigantes, que têm massas de até 10 trilhões de massas solares, são raras, mas as elípticas anãs são o tipo mais comum de galáxias. Hubble as subdividiu em classes que vão de E0 a E7, de acordo com o seu grau de achatamento. Note que o astrônomo baseou sua classificação na aparência da galáxia, não na sua verdadeira forma. Uma galáxia E0, por exemplo, tanto pode ser uma elíptica realmente esférica quanto pode ser uma elíptica mais achatada vista de frente. Já uma E7 tem que ser uma elíptica achatada vista de perfil. Porém nenhuma elíptica jamais vai aparecer tão achatada quanto uma espiral vista de perfil.

## Galáxias irregulares

Foram classificadas como tais, por Hubble, aquelas que eram privadas de qualquer simetria circular ou rotacional, apresentando uma estrutura caótica ou irregular. Muitas irregulares parecem estar sofrendo atividade de formação estelar relativamente intensa, sendo sua aparência dominada por estrelas jovens brilhantes e nuvens de gás ionizado distribuídas irregularmente.

Mesmo tendo passado bastante tempo desde que Hubble fez esta classificação das galáxias, a comunidade astronômica internacional ainda a utiliza.

| Galáxia espiral | Galáxia espiral barrada | Galáxia elíptica | Galáxia irregular |

# Lei de Hubble

Esta lei se tornou de fundamental importância para a astronomia, exatamente pelo fato de que ela determina a velocidade de afastamento de uma galáxia em relação à Via Láctea a partir da distância estimada dessa galáxia. As inúmeras galáxias que compõem o universo estão afastando-se mutuamente. Após o *Big Bang*, as galáxias foram sendo formadas ao mesmo tempo em que se afastavam umas das outras, tornando o Cosmo algo cada vez maior. Depois de analisar o comportamento de estrelas denominadas Cefeidas e da galáxia Andrômeda, por meio de imagens capturadas pelo telescópio de Monte Wilson, Edwin Hubble e Milton Humason[41] determinaram as distâncias estimadas entre Andrômeda e outras galáxias. Ao comparar as distâncias entre as galáxias e suas velocidades de afastamento, os astrônomos perceberam que as galáxias mais distantes estavam afastando-se com velocidade maior.

A lei de Hubble determina a velocidade de afastamento de uma galáxia em função de sua distância.

$$v = H_o.d$$

Onde:

$v$    velocidade de afastamento de uma galáxia (km/s);

$H_0$    Constante de Hubble (71 km/s.Mpc);

$d$    distância da galáxia (Mpc).

A constante $H_0$ possui valor de 71 km/s.Mpc, o que significa que, a cada distância de 1 Mpc (lê-se megaparsec*), a velocidade de uma galáxia aumenta 71 km/s (quilômetro por segundo). A unidade megaparsec corresponde a $3,09.10^{19}$ km, ou seja, a cada $3,09.10^{19}$ km a velocidade de afastamento de uma galáxia aumenta. A observação de Vesto Melvin Splipher[42] e a lei definida por Edwin Hubble, revelam que o universo está em constante expansão. Qualquer observador, em qualquer posição no universo, perceberia a mesma expansão, por isso, não se pode dizer que existe um centro do universo.

Segundo a lei de Hubble, uma galáxia a uma distância de 10 Mpc

41 Astrônomo norte-americano (1891 – 1972).
42 Astrônomo norte-americano (1875 – 1969).

(30,9 x 10$^{19}$ km) da Via Láctea possui velocidade de afastamento de 710 km/s. Se pensarmos que tudo no universo teve origem no mesmo ponto, podemos determinar o tempo necessário para o afastamento das galáxias e, assim, estimar a idade do universo.

$$v = \Delta S/\Delta t \qquad\qquad \Delta t = \Delta S/v$$

$$\Delta t = 30{,}9.10^{19}\ km/(710\ km/s) \qquad \Delta t \approx 13{,}4\ \text{bilhões de anos}$$

Onde:

$v$ = velocidade; $\Delta S$ = variação do espaço; $\Delta t$ = variação do tempo

## Final de sua vida

Nos anos 1930, foi comunicado a Hubble que havia certa movimentação por parte do Comitê do Prêmio Nobel, em direção a uma possível emenda nos estatutos que regulam a premiação. Este movimento permitiria a ele a condição legal de ser distinguido com a honraria maior em ciências naturais. Esta condecoração demorou um longo tempo para ser aprovada. Quando o Comitê finalmente decidiu que Hubble receberia o prêmio Nobel, já era tarde, pois ele tinha acabado de falecer.

O astrônomo foi homenageado em 1990, quando o telescópio espacial foi batizado com seu sobrenome. Por situar-se fora da atmosfera da Terra, que distorce e enfraquece as imagens do universo, o telescópio Hubble tem sido utilizado na coleta de dados sobre objetos muito distantes.

Hubble faleceu em 1953, antes de completar 64 anos, vítima de uma trombose cerebral que o matou instantaneamente. Sua esposa, Grace Hubble, preferiu por não fazer um funeral, preferindo a discrição e a intimidade da família apenas.

# Georges Lemaître
## (1894 – 1966)

**Georges Lemaître**

G eorges Henri Joseph Édouard Lemaître foi um padre católico, belga, astrônomo, cosmólogo e professor de física na Universidade Católica de Leuven, Bélgica. Propôs o que ficou conhecido como teoria da origem do universo, o *Big Bang*, que ele chamava de "hipótese do átomo primordial*", ou também conhecido como "ovo cósmico". Esta teoria foi posteriormente aprimorada por George Gamow[43].

No ano de ano de 1927, Lemaître afirma que o universo está em expansão, o que mais tarde foi confirmado por seu contemporâneo Edwin Hubble, este que foi o primeiro a formular a lei de proporcionalidade entre distância e velocidade de afastamento das galáxias. Lemaître estipula que todo o universo (não somente a matéria, mas também o próprio espaço) estava comprimido num único átomo chamado de «átomo primordial» ou «ovo cósmico». O estudioso afirmava que a matéria comprimida naquele átomo, se fragmentou numa quantidade descomunal de pedaços e cada um acabou se fragmentando em outros menores, sucessivamente, até chegar aos átomos atuais numa gigantesca fissão nuclear.

Lemâitre recebeu, em 1953, a primeira Medalha Eddington*[44]. No ano de 1966, internado em um hospital da Bélgica, recebe, com alegria, a notícia de que sua teoria (*Big Bang*) fora confirmada pelos experimentos de Arno Penzias e Robert Woodrow Wilson, físicos norte-americanos, e por fim era

---

43  George Anthony Gamow (1904 – 1968) foi um físico e divulgador científico norte-americano, nascido na Ucrânia.

44  É concedida bianualmente pela *Royal Astronomical Society* para trabalhos investigativos em astrofísica teórica.

tida como a teoria padrão pela comunidade científica. Segundo afirmação Prof. James Peebles, também ganhador da Medalha Eddington em 1981: *"Lemaitre é um dos meus ídolos. Entre o final dos anos 20 e o início da década de 30, foi ele quem melhor entendeu a ideia do universo em expansão, introduzindo conceitos explorados até hoje"*. Na abordagem por George Gamow, o universo emergiu de um estado extremamente denso e quente, a chamada "singularidade". O p róprio espaço tem se expandido desde então, transportando galáxias com ele.

## Estudos e sacerdócio

Após o fim da primeira guerra mundial, Lemaître estudou física e matemática e começou a se preparar para o sacerdócio. Obteve seu doutorado em 1920 com uma tese intitulada *Aproximação de funções de várias variáveis reais*, escrita sob a direção de Charles de la Vallée-Poussin, sendo ordenado sacerdote em 1923. Ainda neste ano iniciou sua pós-graduação em astronomia na Universidade de Cambridge, passando um ano na *Saint Edmund's House* (hoje St. Edmund's College, Cambridge). Lemaître trabalhou com Arthur Eddington, que o apresentou à cosmologia moderna, astronomia estelar e análise numérica. Ele passou o ano seguinte no *Harvard College Observatory*, em Cambridge, Massachusetts, com Harlow Shapley[45], que acabara de ganhar notoriedade por seu trabalho em nebulosas , e no Instituto de Tecnologia de Massachusetts (MIT), onde se inscreveu para o programa de doutorado em ciências.

## Universo em expansão

Lemaître conseguiu uma colocação como professor (carga horária de um turno apenas) na Universidade Católica de Leuven, na Bélgica, em 1925. Iniciou o relatório que lhe trouxe fama internacional quando foi publicado em 1927 no *Annales de la Société Scientifique de Bruxelles* (Anais da Sociedade Científica de Bruxelas) sob o título *Um Universo homogêneo de massa constante e raio crescente representando a velocidade radial das nebulosas extragalácticas*.

Neste relatório, ele apresentou a ideia de que o universo está se expandindo, embasado na Relatividade Geral de Einstein. Mais tarde, esta ideia ficaria conhecida como a Lei de Hubble, mas Lemaître forneceu a primeira estimativa observacional da Constante de Hubble. O estado inicial

---

45  Astrônomo norte-americano (1885 – 1972).

que ele propôs foi considerado o próprio modelo de Einstein de um universo estático finamente dimensionado. Ainda em 1927, Lemaître retornou ao MIT para apresentar sua tese de doutorado em *O campo gravitacional em uma esfera fluida de densidade invariante uniforme de acordo com a teoria da relatividade*. Ao obter seu Ph.D., ele foi nomeado professor ordinário da Universidade Católica de Leuven.

Em 1930, Arthur Eddington publicou no *Monthly Notices da Royal Astronomical Society* (Londres) um longo comentário ao artigo de Lemaître (1927), no qual descreveu o último como uma "solução brilhante" para os problemas pendentes da cosmologia. O artigo original foi publicado em uma tradução abreviada em inglês em 1931, junto com uma continuação de Lemaître respondendo aos comentários de Arthur Eddington. O físico belga foi então convidado para ir a Londres participar de uma reunião da Associação Britânica sobre a relação entre o universo físico e a espiritualidade.

Nesta ocasião, Lemaître fez a proposição de que o universo se expandiu a partir de um ponto inicial, que ele chamou de *"Átomo Primevo"* (átomo inicial). Esta ideia foi desenvolvida em um relatório publicado na *Nature*[46]. O próprio Lemaître também descreveu sua teoria como "o Ovo Cósmico explodindo no momento da criação". Tornou-se mais conhecida como *"teoria do Big Bang"*.

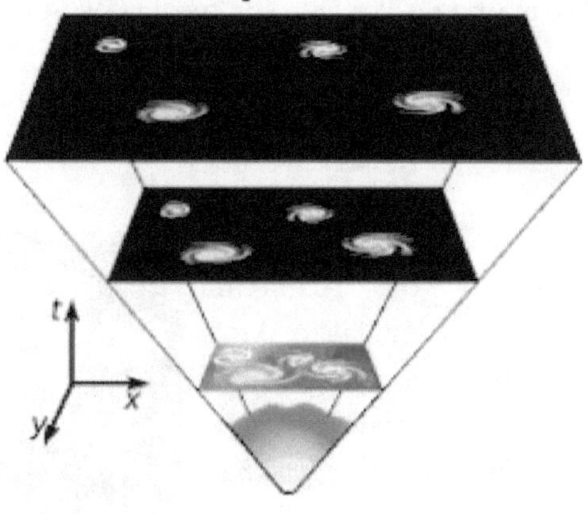


Big Bang

Esta proposta foi recebida, a princípio, com um certo ceticismo* por seus colegas cientistas. Einstein considerava injustificável do ponto de vista físico, embora encorajasse Lemaître a examinar a possibilidade de modelos de expansão não-isotrópica*, de modo que fica claro que ele não rejeitava totalmente o conceito. O próprio Einstein apreciava o argumento de Lemaître de que o modelo dele (Einstein), de um universo estático, não poderia ser sustentado no passado infinito.

Einstein e Lemaître estiveram juntos em algumas ocasiões: em 1927, em Bruxelas, na época de uma conferência da Solvay; em 1932, também na Bélgica, na altura de um ciclo de conferências em Bruxelas; na Califórnia, em janeiro de 1933, e em 1935, em Princeton, sendo essas duas últimas localizadas nos Estados Unidos. Em 1933, no Instituto de Tecnologia da Califórnia, depois

---

46   Revista científica interdisciplinar britânica, publicada pela primeira vez em 4 de novembro de 1869.

que Lemaître detalhou sua teoria, reza a história que Einstein se levantou, o aplaudiu e disse: "Esta é a mais bela e satisfatória explicação da criação que já ouvi".

## Reconhecimento

Neste mesmo ano, Lemaître publicou uma versão mais detalhada de sua teoria nos *Anais da Sociedade Científica de Bruxelas*, alcançando seu maior reconhecimento público. Os jornais de todo o mundo o chamavam de "famoso cientista belga" e o descreviam como "o líder da nova física cosmológica". Lemaître foi eleito membro da Academia Pontifícia de Ciências[47], em 1936, e assumiu um papel ativo lá, servindo como seu presidente de março de 1960 até sua morte (1966).

## Ciência e religião

Lemaître foi eleito membro da Academia Real de Ciências e Artes da Bélgica, em 1941. Cinco anos mais tarde publicou seu livro sobre *L'Hypothèse de l'Atome Primitif* (*Hipótese do Átomo Primordial*), o qual foi traduzido para o espanhol no mesmo ano e para o inglês em 1950. Em 1951,

Lemaître: conciliando fé e ciência

o Papa Pio XII declarou que "a teoria de Lemaître forneceu uma validação científica para o catolicismo". No entanto, o físico se ressentiu da proclamação do papa, afirmando que a teoria era neutra e não havia uma conexão nem uma contradição entre sua religião e sua teoria. Lemaître e Daniel O'Connell, o conselheiro científico do papa, persuadiram o papa a não mencionar publicamente o criacionismo, e a parar de fazer proclamações sobre a cosmologia. Vale ressaltar que Lemaître, apesar de ser um devoto católico romano, se opunha a misturar ciência com religião,

47  Foi fundada em Roma, em 1603, a qual foi a primeira academia científica do mundo.

embora ele sustentasse que os dois campos não estavam em conflito.

Dedicou grande parte de seu tempo, mais para o final de sua vida, a problemas de cálculo numérico. Dizem que Lemaître era uma notável calculadora algébrica e aritmética. A partir do ano de 1930, passou a usar as máquinas de calcular mais poderosas da época, a Mercedes-Euklid. Em 1958, ele foi apresentado ao Burroughs E101 da Universidade, seu primeiro computador eletrônico.

## A confirmação

Georges faleceu no dia 20 de junho de 1966, pouco depois de ter conhecimento da descoberta da radiação cósmica de fundo*, em micro-ondas , que forneceu mais evidências para sua proposta sobre o nascimento do universo.

Alguns pontos fizeram com que a teoria de Lemaître mudasse o curso da cosmologia:

→ Estava bem familiarizado com o trabalho dos astrônomos e projetou sua teoria para ter implicações testáveis e estar de acordo com as observações da época, em particular para explicar o desvio para o vermelho, observado nas galáxias e a relação linear entre distâncias e velocidades.

→ Propôs sua teoria em um momento oportuno, uma vez que Edwin Hubble, logo publicaria sua relação velocidade-distância que apoiava fortemente um universo em expansão e, consequentemente, a teoria do *Big Bang* de Lemaître.

→ Estudara com Arthur Eddington, o que assegurou a Lemaître uma audiência na comunidade científica.

## Universo acelerado

Lemaître foi o primeiro a propor que a expansão explica o desvio para o vermelho das galáxias. Ele concluiu ainda que um evento inicial "semelhante à criação" deve ter ocorrido. Ele foi também um dos primeiros a adotar computadores para cálculos cosmológicos, introduzindo o primeiro computador em sua universidade (um *Burroughs E101*) em 1958 e um dos inventores do algoritmo de transformação *Fast Fourier**.

No ano de 1933, encontrou uma importante solução não-homogênea das equações de campo de Einstein, descrevendo uma nuvem de poeira

**Einstein e Lemaître**

esférica, a métrica Lemaître-Tolman.

O ensaio matemático *"Quaternions et espace elliptique"* (Quatérnios e espaço elíptico), publicado por Lemaître (1948), esclareceu um espaço obscuro. William Kingdon Clifford[48] havia descrito criticamente o espaço elíptico em 1873, numa época em que os versos eram comuns demais para serem mencionados. Lemaître desenvolveu a teoria dos quatérnios* a partir de princípios fundamentais para que seu ensaio pudesse se sustentar por si mesmo.

## Prêmios

Em reconhecimento aos seus trabalhos e descobertas, Lemaître recebeu vários prêmios. Em 1934, fora-lhe confiado o Prêmio Francqui, a mais alta distinção científica belga, do rei Leopoldo III. Seus proponentes foram Albert Einstein, Charles de la Vallée-Poussin e Alexandre de Hemptinne. Dois anos mais tarde foi agraciado com o *Prix Jules Janssen*, o maior prêmio da *Société Astronomique de France*, a sociedade astronômica francesa. No ano de 1953, recebeu a Medalha Eddington inaugural concedida pela *Royal Astronomical Society*. Em 2005, Lemaître foi eleito para o 61º lugar do *De Grootste Belg* ("O Maior Belga"), um programa televisivo flamengo. No mesmo ano, foi eleito para o 78º lugar pelo público do *Les plus grands Belges* («Os Maiores Belgas»), outro programa de televisão.

---

48 Matemático e filósofo inglês (1845 – 1879).

# Carl Sagan
## (1934 – 1996)

Carl Edward Sagan foi um cientista, astrônomo, astrofísico, cosmólogo, escritor e divulgador científico norte-americano. Nasceu no Brooklyn, Nova Iorque, em uma família de judeus ucranianos. Concluiu o ensino secundário na escola *Rahway High School*, em Rahway, Nova Jersey, em 1951.

Autor de mais de 600 publicações científicas, e também autor de mais de 20 livros de ciência e ficção científica, Sagan foi um grande defensor do ceticismo e do uso do método científico. Promoveu a busca por inteligência extraterrestre através do Projeto SETI* e instituiu o envio de mensagens a bordo de sondas espaciais,

Carl Sagan

destinados a informar possíveis civilizações extraterrestres sobre a existência humana. Mediante suas observações da atmosfera de Vênus, foi um dos primeiros cientistas a estudar o efeito estufa em escala planetária.

Sagan ajudou a fundar a organização não governamental Sociedade Planetária e foi pioneiro no ramo da exobiologia*. Passou grande parte da carreira como professor da Universidade Cornell, onde foi diretor do laboratório de estudos planetários. Recebeu o título de doutor pela Universidade de Chicago, no ano de 1960. Carl é conhecido por seus livros de divulgação científica e pela premiada e marcante série *Cosmos: Uma Viagem Pessoal*, que ele mesmo narrou e foi coautor, exibida na TV nos anos 1980. Como complementação da série, publicou o livro *Cosmos*. Também é de autoria de Sagan o romance *Contact*, que serviu de base para um filme homônimo de 1997. Em 1978, ganhou o Prémio Pulitzer de Não Ficção Geral pelo seu livro *The Dragons of Eden*. Carl recebeu vários prêmios e condecorações ao longo da vida, em reconhecimento de seus trabalhos de divulgação científica. É considerado um dos divulgadores científicos mais carismáticos e influentes da história, graças à sua capacidade de transmitir as ideias científicas e os aspectos culturais ao público não especializado.

## Passado marcante

Carl dizia que quando criança, visitou uma exposição chamada *America of Tomorrow* (América do Amanhã). Ele conta que viu um dos eventos mais divulgados da feira, o enterro de uma cápsula do tempo em *Flushing Meadows*[49], contendo algumas lembranças da década de 1930 para serem recuperadas por descendentes dos humanos em um futuro milênio. O biógrafo americano Keay Davidson escreveu que "as cápsulas do tempo sempre chamaram a atenção de Carl". Quando adulto, Sagan e seus colegas criaram algumas cápsulas do tempo similares, mas estas foram enviadas para o espaço. Estas cápsulas citadas são a placa Pioneer e o Voyager Golden Record, que foram produto da experiência de Sagan na exposição.

Ainda criança, começou a manifestar uma forte curiosidade pela natureza. Ele se recordava de suas primeiras visitas à biblioteca pública, sozinho, com a idade de apenas cinco anos. Ele buscava por respostas às suas indagações interiores como "o que eram as estrelas?", já que até então ninguém ainda havia lhe dado explanações mais contundentes. Sagan disse, certa vez,

*"Fui para o bibliotecário e pedi um livro sobre as estrelas. E a resposta foi impressionante: que o Sol também era uma estrela, só que muito próxima. Logo, as estrelas eram outros sóis, mas estavam tão distantes que eram apenas pequenos pontos de luz para nós. A escala do universo de repente se abriu para mim. Era um tipo de experiência religiosa. Houve uma magnificência para ela, uma grandeza, uma escala que nunca me deixou. Nunca me deixará."*

Com a idade de sete anos, viajou com um amigo para o Museu Americano de História Natural, em Nova York. Foram ao Planetário Hayden[50] e andaram na exposição sobre objetos do espaço, como os meteoritos.

---

49  Parque localizado no bairro de Queens, em Nova Iorque.
50 Planetário público localizado em Manhattan, parte do Rose Center for Earth and Space do Museu Americano de História Natural.

## Estudos e projetos

Carl frequentou a Universidade de Chicago onde participou da Sociedade Astronômica Ryerson (*Ryerson Astronomical Society*), graduando-se em artes, em 1954, e com honras especiais e gerais em ciências, em 1955. Obteve o mestrado em física, em 1956, e, por fim, tornou-se doutor em astronomia e astrofísica em 1960. Durante os próximos dois anos desfrutou de uma Miller Fellows* para a Universidade da Califórnia, em Berkeley. Trabalhou no Observatório Astrofísico Smithsonian em Cambridge, Massachusetts, de 1962 a 1968. Em 1971, foi nomeado professor titular e diretor do laboratório de estudos planetários. De 1972 a 1981, foi diretor associado ao centro de radiofísica e investigação espacial de Cornell. Chefiou a *Voyager Golden Record** e selecionou o conteúdo destes discos, a pedido de um comitê da NASA. Carl esteve vinculado ao programa espacial dos Estados Unidos desde o seu começo. A partir da década de 50, trabalhou como assessor da NASA, onde um de seus feitos foi dar instruções aos astronautas participantes do programa Apollo, antes de partirem à Lua. Participou de várias missões que enviaram naves espaciais para explorar o Sistema Solar, preparando os experimentos para várias destas expedições.

## Explorando o Sistema Solar

Carl teve uma ideia inusitada: incluir junto às naves espaciais que fossem abandonar o Sistema Solar, uma mensagem universal que pudesse ser potencialmente compreensível por qualquer inteligência extraterrestre que a encontrasse. Preparou, então, a primeira mensagem física enviada ao espaço exterior: uma placa anodizada, acoplada à sonda espacial Pioneer 10,

Sonda Voyager

lançada em 1972. No ano seguinte foi lançada ao espaço a nave Pioneer 11, a qual levava outra cópia da placa. Sagan continuou refinando suas mensagens; a mais elaborada que ajudou a desenvolver e preparar foi o Disco de Ouro da Voyager, que foi enviado pelas sondas espaciais da missão de 1977.

As contribuições de Sagan foram vitais para o descobrimento das altas temperaturas superficiais do planeta Vênus. No início da década de 60, a ciência nada sabia sobre quais eram as condições básicas da superfície deste planeta, e Sagan enumerou as possibilidades em um artigo que posteriormente foi divulgado em um livro da *Time*[51] intitulado *Planetas*. Em sua opinião, Vênus era um planeta seco e muito quente em oposição ao paraíso temperado que outros haviam imaginado. Sagan investigou as emissões de rádio provenientes de Vênus e chegou à conclusão de que a temperatura superficial deste planeta deveria ser aproximadamente 500 °C. Como cientista visitante do *Jet Propulsion Laboratory**, da NASA, participou das primeiras missões do programa Mariner à Vênus, trabalhando com o desenho e gestão do projeto. Em 1962, a sonda Mariner 2 confirmou suas conclusões sobre as condições superficiais do planeta.

Sagan foi um dos primeiros a idealizar a hipótese de que uma das luas de Saturno, Titã, poderia abrigar oceanos de compostos líquidos em sua superfície, e que uma das luas de Júpiter, Europa, poderia abrigar oceanos de água subterrâneos, isto faria com que Europa fosse potencialmente habitável por formas de vida. O oceano de água subterrâneo de Europa foi posteriormente confirmado de forma indireta pela sonda espacial Galileu. O mistério da névoa avermelhada de Titã também foi resolvido com a ajuda de Sagan, cuja explicação foi de que a névoa existia devido às moléculas orgânicas complexas em constante chuva na superfície da lua saturniana.

O astrofísico também contribuiu para um melhor entendimento das atmosferas de Vênus e Júpiter e das mudanças sazonais em Marte. Determinou que a atmosfera de Vênus é extremamente quente e densa com pressões que aumentam gradualmente até a superfície do planeta. Também notou o aquecimento global como um perigo crescente de origem humana e comparou com a evolução natural de Vênus, cujo efeito estufa o tornou descontroladamente quente e impróprio para a vida.

## Vida extraterrestre

Sagan e seu colega da Universidade Cornell, Edwin Ernest Salpeter, especularam sobre a possibilidade da existência de vida nas nuvens de Júpiter, dada a composição da densa atmosfera do planeta, rica em moléculas orgânicas. Também estudou as variações de cor na superfície de Marte e concluiu que

---

51 Revista norte-americana de circulação semanal.

não se tratavam de vegetações, ou devido as mudanças sazonais como muitos acreditavam, mas sim ao deslocamento de poeira da superfície causados por tempestades. No entanto, o astrofísico é mais conhecido por suas pesquisas sobre a possibilidade de vida extraterrestre, incluindo os experimentos da produção de aminoácidos por radiação e a partir de reações químicas básicas. Em 1994, recebeu a medalha Bem-Estar Público, a maior condecoração da Academia Nacional de Ciências dos Estados Unidos por suas "distintas contribuições para a aplicação da ciência e para o bem-estar da humanidade". Diz-se que lhe foi negado o ingresso à academia porque sua atividade havia gerado impopularidade ante outros cientistas.

Filme "E.T. - O Extraterreste" de Steven Spielberg

Em suma, Carl Sagan teve um papel significativo no programa espacial americano desde o seu início. Foi consultor e conselheiro da NASA desde os anos 1950, trabalhou com os astronautas do Projeto Apollo* antes de suas idas à Lua, e chefiou os projetos da Mariner e Viking, pioneiras na exploração do sistema solar que permitiram obter importantes informações sobre Vênus e Marte. Participou também das missões Voyager e da sonda Galileu. Foi decisivo na explicação do efeito estufa em Vênus e o descobrimento das altas temperaturas do planeta, na explicação das mudanças sazonais da atmosfera de Marte e na descoberta das moléculas orgânicas em Titã, satélite de Saturno. Ele também foi um dos maiores divulgadores da ciência de todos os tempos ao apresentar a série Cosmos, em 1980.

Sua habilidade para transmitir as ideias, permitiu que muitas pessoas compreendessem o Cosmos, simultaneamente, enfatizando o valor da raça humana e a insignificância relativa da Terra em relação ao Universo. Em Londres, participou da edição de 1977 da *Royal Institution Christmas Lectures*[52]. Foi apresentador, coautor e coprodutor, juntamente a Ann Druyan e Steven Soter, da popular série de televisão de treze episódios *Cosmos: Uma Viagem Pessoal*, que seguiu o formato da série de televisão *A Escalada do Homem*. Na série *Cosmos* abrangeu diversos temas científicos, que incluem desde a origem da vida, até uma perspectiva de nosso lugar no universo. Ganhou o Prêmio Emmy e o Prêmio Peabody. A série foi transmitida em

---

52 Série de conferências sobre um só tema, que ocorrem anualmente no Royal Institution, em Londres, desde 1825.

mais de 60 países, incluindo o Brasil, e assistida por mais de 600 milhões de pessoas, atingindo a marca de programa mais visto na história do canal PBS. A revista *Time* publicou uma matéria de capa sobre Sagan pouco depois da estreia de Cosmos, referindo-se a ele como "o criador, autor principal e apresentador-narrador da nova série de televisão aberta Cosmos, sob o controle de sua nave da fantasia".

Carl defendeu a busca por vida extraterrestre, convidando a comunidade científica a utilizar radiotelescópios para procurar por sinais provenientes de formas de vida extraterrestre potencialmente inteligentes. Foi tão persuasivo que, em 1982, conseguiu publicar na revista *Science* uma petição em defesa do projeto SETI assinado por 70 cientistas, incluindo sete ganhadores do Prêmio Nobel, causando uma grande aceitação de um campo tão controverso. Sagan também ajudou o Dr. Frank Drake[53] a preparar a mensagem de Arecibo*, uma sequência de sinais de rádio dirigidas ao espaço, enviadas através do radiotelescópio de Arecibo em 16 de novembro de 1974, destinada a informar sobre a existência da Terra a possíveis extraterrestres.

No período compreendido entre os anos de 1968 e 1979, Sagan foi editor da *Revista Icarus*, publicação para profissionais na pesquisa planetária. Foi cofundador da Sociedade Planetária, o maior grupo do mundo dedicado à pesquisa espacial, com mais de cem mil membros em mais de 149 países, e foi membro do Conselho de Administração do Instituto SETI. Exerceu também os cargos de presidente da Divisão de Ciências Planetárias da Sociedade Astronômica Americana, presidente da Seção de Planetologia da União Geofísica Americana e também de Presidente da Seção de Astronomia da Associação Americana para o Avanço da Ciência.

## Pálido ponto azul

Em pleno período da chamada "guerra fria", Carl dedicou-se à conscientização da opinião pública sobre os efeitos de uma guerra nuclear, quando um modelo matemático climático sugeriu que uma guerra nuclear de proporções possíveis poderia desestabilizar o delicado equilíbrio da vida na Terra. Finalmente, foi coautor do artigo científico que projetava a hipótese de um inverno nuclear global após uma guerra destas proporções, bem como do livro *O Inverno Nuclear: O mundo após uma guerra nuclear*, uma análise exaustiva do fenômeno do inverno nuclear. O astrofísico escreveu uma sequência ao livro *Cosmos*, chamado *Pálido Ponto Azul*,

---

53 Astrônomo e astrofísico estadunidense. É conhecido por ter fundado o SETI e criado a equação de Drake.

que foi escolhido como livro do ano de 1995 pelo *The New York Times*.

Na foto conhecida como *Pálido Ponto Azul*, nosso planeta não passa de um simples grão de areia no oceano. A Terra é como um minúsculo ponto, distante 6,4 bilhões de quilômetros de onde a Voyager 1 a fotografou, no meio de um raio solar. No dia 14 de fevereiro de 1990, tendo completado sua missão primordial, foi enviado um comando a Voyager 1 para se virar e tirar fotografias dos planetas que havia visitado. A NASA havia feito uma compilação de cerca de 60 imagens criando neste evento único um mosaico do Sistema Solar. Uma imagem que retornou da Voyager era a Terra, a 6,4 bilhões de quilômetros de distância, mostrando-a como um "pálido ponto azul" na granulada fotografia.

Em uma palestra na Universidade Cornell, em 1994, Sagan compartilhou suas profundas reflexões sobre a referida foto:

Pálido Ponto Azul: a Terra vista a 6,4 bilhões de quilômetros

*"Olhem de novo esse ponto. É aqui, é a nossa casa, somos nós. Nele, todos a quem ama, todos a quem conhece, qualquer um sobre quem você ouviu falar, cada ser humano que já existiu, viveram as suas vidas. O conjunto da nossa alegria e nosso sofrimento, milhares de religiões, ideologias e doutrinas econômicas confiantes, cada caçador e coletor, cada herói e covarde, cada criador e destruidor da civilização, cada rei e camponês, cada jovem casal de namorados, cada mãe e pai, criança cheia de esperança, inventor e explorador, cada professor de ética, cada político corrupto, cada "superestrela", cada "líder supremo",*

*cada santo e pecador na história da nossa espécie viveu ali - em um grão de pó suspenso num raio de sol.*

*A Terra é um cenário muito pequeno numa vasta arena cósmica. Pense nos rios de sangue derramados por todos aqueles generais e imperadores, para que, na sua glória e triunfo, pudessem ser senhores momentâneos de uma fração de um ponto. Pense nas crueldades sem fim infligidas pelos moradores de um canto deste pixel aos praticamente indistinguíveis moradores de algum outro canto, quão frequentes seus desentendimentos, quão ávidos de matar uns aos outros, quão veementes os seus ódios.*

*As nossas posturas, a nossa suposta auto importância, a ilusão de termos qualquer posição de privilégio no Universo, são desafiadas por este pontinho de luz pálida. O nosso planeta é um grão solitário na imensa escuridão cósmica que nos cerca. Na nossa obscuridade, em toda esta vastidão, não há indícios de que vá chegar ajuda de outro lugar para nos salvar de nós próprios.*

*A Terra é o único mundo conhecido, até hoje, que abriga vida. Não há outro lugar, pelo menos no futuro próximo, para onde a nossa espécie possa emigrar. Visitar, sim. Assentar-se, ainda não. Gostemos ou não, a Terra é onde temos que ficar por enquanto.*

*Já foi dito que astronomia é uma experiência de humildade e criadora de caráter. Não há, talvez, melhor demonstração da tola presunção humana do que esta imagem distante do nosso minúsculo mundo. Para mim, destaca a nossa responsabilidade de sermos mais amáveis uns com os outros, e para preservarmos e protegermos o "pálido ponto azul", o único lar que conhecemos até hoje".*

## Fenômeno OVNI

Carl Sagan acreditava na equação de Drake*, onde até a ausência de estimativas razoáveis, sugerem a formação de um grande número de civilizações extraterrestres, mas a falta de evidências da existência das mesmas indicaria a tendência das civilizações tecnológicas a se autodestruir, o que implica o último termo da equação de Drake. Isso despertou o seu interesse em identificar e divulgar as várias maneiras em que a humanidade poderia se autodestruir, esperando ser capaz de evitar esta catástrofe e, finalmente, permitir que os seres humanos se tornem uma espécie capaz de viajar através do espaço.

A profunda preocupação de Sagan com uma potencial destruição da civilização humana em um holocausto nuclear refletiu-se em um segmento memorável no episódio final da série Cosmos, intitulado *Quem fala em nome da Terra?* Demitiu-se de seu posto de conselheiro científico do Conselho Científico da Força Aérea Americana e recusou-se voluntariamente a sua autorização de acesso ao material ultrassecreto da Guerra do Vietnam. Quando o líder soviético Mikhail Gorbachev declarou uma moratória unilateral para os testes com armas nucleares, que começariam em 6 de agosto de 1985, no 40º aniversário dos bombardeamentos de Hiroshima e Nagasaki, a administração de Reagan refutou a iniciativa soviética, e se recusou a seguir o exemplo soviético. Em resposta, ativistas antinucleares e pacifistas americanos realizaram uma série de protestos no local de testes nucleares em Nevada, que começaram na páscoa de 1986 e continuaram até 1987. Centenas de pessoas foram presas, incluindo Sagan.

Em 1968, Carl teve uma breve participação, como consultor, no premiado filme *2001: Uma odisseia no espaço*, de 1968 do diretor de cinema Stanley Kubrick. Embora reconhecendo o desejo de Kubrick de usar atores para interpretar os alienígenas humanoides, por questão de conveniência, argumentou que formas de vida alienígenas eram improváveis de ter alguma semelhança com a vida terrestre, e que fazer isso seria "pelo menos um elemento de falsidade" no filme. Ele propôs que o filme sugerisse, ao invés de mostrar, uma superinteligência extraterrestre. Ele foi à estreia e disse ter ficado bastante feliz em "ter sido de alguma ajuda". Ainda no escopo das possíveis formas de vida extraterrestre, Sagan mostrou interesse às notícias sobre o fenômeno OVNI[54] ao menos desde 3 de agosto de 1952, quando escreveu uma carta ao Secretário de Estado americano, Dean Acheson, perguntando como responderiam os EUA se os discos voadores forem realmente de origem extraterrestre. Apesar de seu ceticismo no que diz respeito a obtenção de qualquer resposta extraordinária com a questão OVNI, Sagan acreditava que os cientistas deviam estudar o fenômeno, ainda que fosse somente para responder o grande interesse que o assunto desperta nas pessoas.

Sagan foi membro do Comitê *Ad Hoc* para a revisão do Projeto Blue Book, promovido pela força aérea dos Estados Unidos, para investigar o fenômeno OVNI, em 1966. O comitê concluiu que o projeto deixava a desejar como um estudo científico e recomendou a realização de um projeto universitário para submeter o estudo do fenômeno a um nível mais científico. O resultado foi a formação do Comitê Condon (1966 - 1968), liderado pelo físico Edward Condon, e que, em seu relatório final, formalmente definiu que os OVNIs, independentes de sua origem ou significado, não se comportavam de maneira consistente para representar uma ameaça à segurança nacional.

---

54 Sigla para "objeto voador não identificado".

Na série *Cosmos*, em 1980, Carl voltou a revelar seu ponto de vista sobre as viagens interestelares. Em uma de suas últimas obras escritas, explicou que a probabilidade de que naves espaciais extraterrestres visitem a Terra é muito pequena. Ele também advertiu contra conclusões precipitadas sobre OVNIs e insistiu que não havia nenhuma evidência clara de possíveis alienígenas terem visitado a Terra no passado ou no presente.

Carl foi o autor da introdução do livro de divulgação científica *Uma Breve História do Tempo*, do físico britânico Stephen Hawking, em sua primeira edição na língua inglesa, em 1988. O filme *Contact*, de 1997, baseado no livro homônimo de Sagan e finalizado após sua morte, possui nos créditos finais uma dedicatória a Carl Sagan.

## Reconhecimento e homenagens

Ainda no ano de 1997, foi inaugurado na cidade de Ithaca, estado de Nova York, o *Carl Sagan Planet Walk*. Tratava-se de uma recriação do sistema solar sob a escala de um pé de comprimento (aproximadamente 30 centímetros), com uma extensão total de 1,2 km, desde o centro da zona chamada *The Commons* até o *Sciencenter*, um museu de ciência interativo, do qual Sagan foi um dos membros fundadores do conselho de assessores. Em sua homenagem, o lugar de aterrissagem da nave não-tripulada Mars Pathfinder foi rebatizado como *Carl Sagan Memorial Station*, em 5 de julho de 1997; o monumento exibe uma frase de Sagan: "Seja por qualquer razão que eu esteja em Marte, estou encantado de estar aqui, e eu desejaria estar aqui com vocês". Outras homenagens incluem o asteroide do cinturão de asteroides "2709 Sagan" e a cratera marciana Sagan.

No dia 9 de novembro de 2001 (67º aniversário de nascimento de Sagan), o *Ames Research Center*, da NASA, dedicou ao cientista o *Carl Sagan Center for the Study of Life in the Cosmos* (Centro Carl Sagan para Estudos da Vida no Cosmos). O responsável da NASA, Daniel Goldin, disse na época:

> *"Carl foi um incrível visionário, e agora seu legado poderá ser preservado e ampliado por um laboratório de pesquisa e capacitação do século XXI dedicado a melhorar nossa compreensão da vida no universo e para jamais perder a causa da exploração espacial".*

Várias organizações que atuam frente ao humanismo e secularismo, promovem a celebração do *Carl Sagan's Day*, em 9 de novembro (dia de seu aniversário), e a ideia rapidamente se espalhou pelo mundo desde 2009, inclusive no Brasil. Em celebração a este dia, eventos de astronomia, palestras, feiras de ciência e atividades do gênero são organizados.

Há pelo menos três prêmios que carregam o nome de Sagan em sua homenagem: o Prêmio Comemorativo Carl Sagan (*Carl Sagan Memorial Award*), concedido desde 1997, pela Sociedade Astronômica Americana (AAS) e pela Sociedade Planetária; A Medalha Carl Sagan (*Carl Sagan Medal*) por Excelência de Divulgação da Ciência Planetária, concedida desde 1998 pela Divisão de Ciências Planetárias da Sociedade Astronômica Americana (AAS/DPS), aos cientistas planetários em atividade que tenham realizado algum trabalho de destaque na divulgação desta ciência; o Prêmio Carl Sagan para a Compreensão Pública da Ciência (*Carl Sagan Award for Public Understanding of Science*), concedido desde 1993 pelo Conselho de Presidentes da Sociedade Científica (CSSP).

Carl recebeu mais de 30 prêmios de reconhecimentos internacionais em reconhecimento ao seu trabalho na pesquisa e divulgação da astronomia em todo o planeta. Dentre as inúmeras obras de sucesso, tais como *Cosmos*, *Os Dragões do Éden*, *O Romance da Ciência*, *Pálido Ponto Azul*, *O Mundo Assombrado pelos Demônios*, *A Ciência Vista como Uma Vela no Escuro*, o romance de ficção científica *Contato*, levado para as telas de cinema, deixou-nos uma última obra, *Bilhões e Bilhões*, que foi publicada postumamente por sua esposa e colaboradora Ann Druyan e consiste, fundamentalmente, numa compilação de artigos inéditos escritos por Sagan, tendo um capítulo sido escrito por ele enquanto se encontrava no hospital. Foi publicado no Brasil mais um livro sobre Sagan: *Variedades da experiência científica: Uma visão pessoal da busca por Deus*, que é uma coletânea de suas palestras sobre teologia.

## Últimos dias de Sagan

Dois anos depois de ser diagnosticado com mielodisplasia*, e depois de se submeter a três transplantes de medula óssea provenientes de sua irmã, o Dr. Carl Sagan morreu de pneumonia, aos 62 anos de idade, no Centro de Pesquisas do Câncer Fred Hutchinson de Seattle, Washington, em 20 de dezembro de 1996. Foi enterrado no cemitério Lakeview, na cidade de Ithaca, no estado de Nova York.

# Stephen Hawking
## (1942 - 2018)

Stephen William Hawking foi um físico teórico e cosmólogo britânico e um dos mais consagrados cientistas do século XX. Doutor em cosmologia, foi professor lucasiano emérito na Universidade de Cambridge, um posto que foi ocupado por Isaac Newton, Paul Dirac e Charles Babbage. Foi, pouco antes de falecer, diretor de pesquisa do Departamento de Matemática Aplicada e Física Teórica (DAMTP) e fundador do Centro de Cosmologia Teórica (CTC), da Universidade de Cambridge.

Stephen Hawking

Hawking nasceu exatamente no aniversário de 300 anos da morte de Galileu, no dia 08 de janeiro. Seus pais eram Frank Hawking, um biólogo pesquisador que trabalhava como parasitólogo no Instituto Nacional de Pesquisa Médica de Londres, e Isabel Hawking. Teve duas irmãs mais novas, Philippa e Mary, e um irmão adotivo. Edward. Hawking sempre foi interessado por ciência. Em sua infância estudou na *St Albans High School for Girls* (garotos de até 10 anos eram educados em escolas para garotas) entre 1950 e 1953. Foi um bom aluno, mas não era considerado excepcional.

No ano de 1959, ingressou na *University College*, Oxford, onde pretendia estudar matemática, conflitando com seu pai, que gostaria que Stephen estudasse medicina. Como não pode, por não estar disponível em tal universidade, optou então por física, formando-se três anos depois (1962). Seus principais interesses eram termodinâmica, relatividade e mecânica quântica. Em 1966 obteve o doutorado na *Trinity Hall*, em Cambridge, de onde era membro honorário. Depois de obter doutorado, atuou como pesquisador e, mais tarde, professor. Depois de abandonar o Instituto de Astronomia em 1973, Stephen entrou para o Departamento de Matemática Aplicada e Física Teórica tendo, entre 1979 e 2009, ano em que atingiu a idade limite para o cargo, ocupado o posto de professor lucasiano de matemática, cátedra que fora de Newton.

## Limitação física

Stephen era portador de esclerose lateral amiotrófica (ELA), uma rara doença degenerativa que paralisa os músculos do corpo sem, no entanto, atingir as funções cerebrais, sendo uma doença que ainda não possui cura. A doença foi detectada quando tinha 21 anos. Em 1985 teve que submeter-se a uma traqueostomia após ter contraído pneumonia visitando o CERN* na Suíça e, desde então, utilizava um sintetizador de voz para se comunicar.

Primeiro casamento (1965, com Jane Wilde)

Gradualmente, foi perdendo o movimento dos braços e pernas, assim como do resto da musculatura voluntária, incluindo a força para manter a cabeça erguida, de modo que sua mobilidade era praticamente nula. Em 2005 usava os músculos da bochecha para controlar o sintetizador e, em 2009, já não podia mais controlar a cadeira de rodas elétrica.

Desde então outros grupos de cientistas estudaram formas de evitar que Hawking sofresse de síndrome do encarceramento, cogitando traduzir os pensamentos ou expressões dele em fala. A versão mais recente, desenvolvida pela Intel e cedida a Hawking em 2013, rastreava o movimento dos olhos do cientista para gerar palavras, embora o cientista tenha afirmado em seu site oficial que preferia usar o *cheek tracking* (rastreamento da bochecha) para utilizar a interface ACAT (Sistema desenvolvido pela Intel). "No entanto, embora eles funcionem bem para outras pessoas, eu ainda acho que o interruptor na minha bochecha é mais fácil e menos cansativo de usar", afirmou na época.

## Projetos e reconhecimento

O Papa João Paulo II nomeou Hawking membro da Pontifícia Academia das Ciências[55], em 1986. Em 2015, em Londres, Drake, Martin Rees e o empresário russo Yuri Milner, juntamente com Stephen Hawking, anunciaram suas intenções de fornecer US$ 100 milhões em financiamento ao longo da década seguinte para os melhores pesquisadores do SETI*, através

---

55 Fundada em Roma, em 1603, com o nome de Academia dos Linces por Frederico Cesi e foi a primeira academia científica do mundo.

do projeto *Breakthrough Listen*, que permitiria que novos levantamentos de dados pudessem ocorrer usando os mais avançados telescópios.

Em 1993 Hawking participou em um episódio da série *Star Trek: The Next Generation* em uma cena em que é um holograma, conjuntamente com Newton e Einstein, jogando cartas com o personagem Data. Fez algumas participações em *The Simpsons, Futurama, Dexter's Laboratory, The Fairly Odd Parents, Family Guy* e na tira de jornal Dilbert. Fez uma participação em uma propaganda do Discovery Channel chamada Eu amo o Mundo, onde ele disse "Boom De Ya Da". Em 2012, participou de um episódio da série *The Big Bang Theory*, onde conversava com o personagem Sheldon Cooper.

A vida de Stephen Hawking já foi contada em dois documentários e dois filmes. Os documentários foram *A Brief History of Time* (Uma Breve História do Tempo, 1991), em que Errol Morris usou o livro homônimo como base para relatar a vida do cientista, e *Hawking* (2013), narrado pelo próprio Hawking. Outra biografia mais abrangente foi lançada nos cinemas em 2014, *The Theory of Everything* (A Teoria de Tudo), baseado no livro de memórias de Jane Hawking, *Travelling to Infinity: My Life with Stephen* (Viajando para o Infinito: Minha vida com Stephen).


## Deus existe?

Stephen dizia ser ateu. Em algumas ocasiões, usou a palavra "Deus" em seus livros e discursos, mas, segundo ele próprio, no sentido metafórico e relativo. Hawking declarou que não era religioso no sentido comum, e que acreditava que *"o universo é governado pelas leis da ciência. As leis podem ter sido criadas por um Criador, mas um Criador não intervém para quebrar essas leis"*. Hawking comparou a ciência e a religião durante uma entrevista, dizendo "há uma diferença fundamental entre a religião, que se baseia na autoridade, e a ciência, que se baseia na observação e na razão". Em alguns trechos de seus livros, Stephen também parece seguir uma linha de pensamento similar à de Einstein e Espinoza, no que tange à admiração e o deslumbre pela ordem e complexidade presentes no

Deus x homem: quem criou quem?

universo, ainda que nunca tenha referido a si próprio como panteísta. No livro *Uma breve história do tempo* ele cita que "tanto quanto o universo teve um princípio, nós poderíamos supor que tenha um Criador". Ainda nesse livro, ele diz que *"no entanto, se nós descobrirmos uma teoria completa... então nós conheceríamos a mente de Deus".*

## A partir do nada

Porém, em seu polêmico livro, *The Grand Design* (O Grande Projeto, 2010), Hawking afirma que ***"por haver uma lei como a gravidade, o universo pode e irá criar a ele mesmo, do nada. A criação espontânea é a razão pela qual algo existe ao invés de não existir nada, é a razão pela qual o universo existe, pela qual nós existimos"***, dizendo que o *Big Bang* foi simplesmente uma consequência da lei da gravidade. Os principais campos de pesquisa de Hawking foram Cosmologia Teórica e Gravidade Quântica. Em 1971 provou o primeiro de muitos teoremas de singularidade*; tais teoremas fornecem um conjunto de condições suficientes para a existência de uma singularidade no espaço-tempo. Este trabalho demonstra que, longe de serem curiosidades matemáticas que aparecem apenas em casos especiais, singularidades são características genéricas da Relatividade Geral.

## Buracos negros

Stephen também sugeriu que, após o *Big Bang*, miniburacos negros foram formados. Com Bardeen e Carter, físicos americanos, ele propôs as quatro leis da Mecânica de Buraco Negro, fazendo uma analogia com termodinâmica. Em 1974 calculou que buracos negros deveriam, termicamente, criar ou emitir partículas subatômicas, conhecidas como Radiação Hawking. Além disso, demonstrou a possível existência de miniburacos negros. Stephen também participou dos primeiros desenvolvimentos da Teoria da Inflação Cósmica no início da década 80, teoria que tinha como

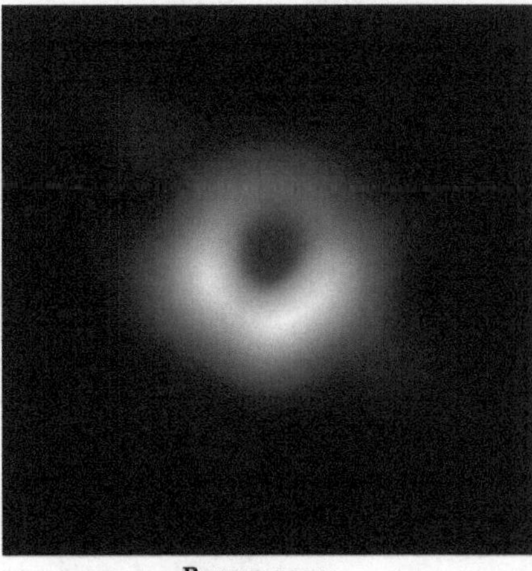

Buraco negro

proposta a solução dos principais problemas do modelo padrão do *Big Bang*.

  Hawking escreveu diversos livros que ajudaram a divulgar complexas teorias cosmológicas em linguagem fácil para leigos. O primeiro foi *Uma Breve História do Tempo*, escrito entre 1982 e 1984 e vendendo mais de 10 milhões de cópias. Obras seguintes incluem *O Universo numa Casca de Noz* (2001), *Uma Nova História do Tempo* (2005) e *God Created the Integers* (2006). Em parceria com sua filha Lucy, também escreveu livros infantis sobre o universo como *George e o Segredo do Universo* (2007) e suas duas continuações.

## Últimos dias

  Stephen Hawking morreu em sua casa em Cambridge, Inglaterra, no começo da manhã de 14 de março de 2018, com a idade de 76 anos. Sua família anunciou que ele morreu em paz. Ele foi elogiado por figurar na ciência, entretenimento, política e outras áreas. A bandeira do *Gonville and Caius College*, de Cambridge, ficou hasteada em meio mastro e um livro de condolências foi assinado por estudantes e visitantes. Hawking nasceu no ano do aniversário de 300 anos da morte de Galileu Galilei e morreu no dia do 139º aniversário do nascimento de Albert Einstein. Seu funeral privado ocorreu as 14:00 horas da tarde de 31 de março de 2018, na *Great St Mary's Church*, Cambridge. Seguindo sua cremação, suas cinzas foram depositadas na Abadia de Westminster em 15 de junho de 2018, durante uma cerimônia de ação de graças. Suas cinzas foram colocadas na nave da abadia, ao lado da sepultura de Sir Isaac Newton e próximo da sepultura de Charles Darwin.

**Stephen Hawking experimenta ausência de gravidade**

# Astronomia Moderna

# Astronomia Moderna

Esta fase da astronomia foi marcada por enormes instrumentos e grandes descobertas. Há mais de quatro séculos atrás (1609), Galileu Galilei havia introduzido o uso do instrumento que amplia os limites de percepção da natureza ao nosso redor: o telescópio. A partir desse momento, diversos modelos e montagens de telescópios foram propostos e construídos com grande sucesso. Técnicas tiveram que ser desenvolvidas para conseguir instrumentos cada vez melhores. As soluções ópticas envolveram metais e vidro óptico.

Telescópio Yerkes

O auge dessa busca resulta no maior telescópio refrator construído até hoje: o telescópio refrator de Yerkes, com seus 101 centímetros de diâmetro de objetiva e com uma distância focal de 19,30 metros. Foi inaugurado em outubro de 1897, em Williams Bay, Wisconsin, nos Estados Unidos. Grandes nomes da astronomia fizeram uso do observatório de Yerks, tais como: Edward Barnard, que estudou a Via Láctea; Otto Struve, que avaliou a química das estrelas; Gerard Kuiper, que fez estudos planetários; Subrahmanyan Chandrasekhar, que estudou a evolução estelar (Prêmio Nobel em 1983); e William Morgan, que definiu que a Via Láctea é espiralada. Também Einstein chegou a visitar este observatório. Apesar dos feitos do Yerkes este é o último do seu tipo empregando uma objetiva composta por lentes.

O século passado foi dominado pelos telescópios refletores devido às soluções encontradas e ao aprimoramento das técnicas para obter equipamentos com grandes espelhos para coletar cada vez mais luz. A astronomia dos grandes instrumentos do Século XX pode ser dividida em três fases:

| Fase | Período | Feito |
| --- | --- | --- |
| 1ª | 1901 - 1950 | Nascimento da Astronomia Contemporânea. |
| 2ª | 1951 - 1970 | Radioastronomia*. |
| 3ª | 1971 - 2000 | Conquista do espaço, o computador e a Astronomia Digital de Interferometria*. |

A primeira fase abrange a primeira metade do século, se refere ao nascimento da astronomia contemporânea e a ciência em geral vive um momento de grande efervescência. Na fase 1950 a 1970, a astronomia passou por outra grande revolução. Devido à guerra, o envio e recebimento de sinais de rádio foi muito desenvolvido, nós passamos a usar as regiões de luz não visível para espreitar o nosso novo universo. Na última fase, a conquista do espaço e sua gradativa ocupação pelo homem com o auxílio dos computadores e de novos sistemas de aquisição de imagens digitais. O nosso olho aproveita somente 1% de toda a luz que nós consideramos como informação. Telescópios com chapas fotográficas ampliam esse limite para 3%. Por fim, a introdução dos sistemas digitais nos permite aproveitar até 90% ou mais da luz que chega ao nosso instrumento. Na primeira fase, uma imagem de uma galáxia era conseguida com 12 ou mais horas de exposição da chapa fotográfica; hoje, em menos de um minuto, obtemos uma imagem melhor e com muito mais informação.

## Os observatórios

O observatório de Yerkes, que citamos anteriormente, foi fruto de um financista americano, o Sr. Charles Tyson Yerkes. Ele gostava das ciências e financiou a construção dessa relíquia com um tubo de 19 metros de comprimento e 6 toneladas de massa. O mentor dessa realização foi George Ellery Hale, fascinado

Observatório Monte Wilson

pela astronomia e membro da Universidade de Chicago.

Outro grande instrumento do século passado, desta vez um refletor, e em operação, é o telescópio do Observatório de Monte Wilson em Los Angeles, nos Estados Unidos. Com um espelho de 1,5 metros de diâmetro, entrou em operação em 1908, sendo considerado o maior telescópio do mundo à época. Essa foi mais uma iniciativa de Hale que mais tarde, em 1917, construiu, ainda em Monte Wilson, um telescópio ainda maior com 2,5 metros de diâmetro de espelho primário. Esse gigantesco telescópio apresenta alguns problemas, pois, como o espelho é muito sensível à temperatura, as variações interferem nas imagens. Mesmo assim, esse instrumento permitiu a Edwin Hubble determinar a distância da então "Nebulosa de Andrômeda", como era conhecida à época e de outras nebulosas, e os seus resultados mostraram que não são objetos pertencentes à Via Láctea, mas sim estruturas gigantescas como a nossa e muito distantes da nossa galáxia. Surge um número infindável de galáxias e o nosso universo adquire uma forma mais complexa. Até meados de 1950 é comum encontrar em alguns livros o termo "Nebulosa de Andrômeda". Esse referido telescópio permitiu determinar distâncias e velocidades das galáxias vizinhas, demonstrando que elas são "universos-ilha" separados. Apesar da má localização, em Monte Wilson, e dos problemas técnicos enfrentados, Hale, em 1928, consegue 6 milhões de dólares, da Fundação Rockefeller[56]. Esta verba serviu para a construção de um observatório com um telescópio de 5 metros de diâmetro de espelho, e para custear todas as despesas para o projeto. O complexo todo foi operado pelo Instituto de Tecnologia da Califórnia (Caltech). Esse instrumento foi construído num período turbulento do Século XX e sua construção se deu de forma lenta.

## A complicada construção no Monte Palomar

Com o aumento da poluição luminosa em Los Angeles, entre os anos de 1930 e 1934, Monte Wilson não era mais um bom lugar para um observatório. George Hale começou a procurar um novo local para esse instrumento. Foram cogitados locais no Arizona, no Texas, no Havaí e até na América do Sul, mas os 5.600 pés do Monte

Observatório Monte Palomar

56 Criada em 1913 nos Estados Unidos da América, que define sua missão como sendo a de promover, no exterior, o estímulo à saúde pública, o ensino, a pesquisa e a filantropia.

Palomar, a 160 quilômetros de Pasadena, Califórnia, venceram. Hale comprou 160 acres* de terras de fazendeiros locais e do Serviço Florestal dos Estados Unidos para construir o Observatório de Monte Palomar.

Entre 1934 e 1936, após gastar 1 milhão de dólares, descobriu-se a impossibilidade de fazer espelhos de 5 metros a partir do quartzo: a restrição era a elevada temperatura necessária para a fusão. George visitou a *Corning Glass Works*, em New York, e fez a proposta de construir um espelho com o novo material da época, um vidro a base de borosilicato. Esse material atualmente é muito comum nos nossos pratos de mesa e em utensílios refratários para assados nos fornos ou até mesmo para a cocção de alimentos. A sua estabilidade às mudanças de temperatura fizeram dele material perfeito para o espelho de cinco metros. Esse vidro de borosilicato nada mais é que o conhecido *Pyrex*, de nossas casas. Depois de duas tentativas, a *Corning* conseguiu fazer o espelho.

Em 1936, as instalações físicas do observatório começaram a ser construídas: o domo*, a estrada para a montanha é feita, a água e eletricidade são instaladas. Todos tinham que ajudar a colocar cimento no verão (época da seca), e em apenas 2 anos a estrutura estava completa. O tamanho final ficou em 41 metros de altura, 42 metros de diâmetro. O peso aproximado é de 1.000 toneladas. Cada painel superior, que se abre para o céu, apresenta a massa de 125 toneladas e a seção superior do domo gira em dois trilhos circulares e, todos que têm a oportunidade de estar dentro do domo (cúpula) quando ele gira, dizem que é mais macio que muitos elevadores modernos.

Ainda em 1936, com o espelho pronto, ele é transportado de Nova Iorque a Pasadena, onde foi polido. O transporte foi feito com velocidade máxima de 25 Km/h e atraia a atenção de multidões. De 1936 a 1947 o espelho ficou nos laboratórios ópticos da Caltech, para o polimento. Além dos 13 anos gastos para este procedimento foi retirado do espelho bruto cerca de 5000 quilos de vidro. Os componentes mecânicos do telescópio são, então, construídos. Suas partes vieram da Filadélfia, Nova Iorque e Pasadena. O tubo do telescópio seguiu por via marítima através do canal do Panamá, com auxílio da Marinha Americana.

Em 12 de novembro de 1947 começa o transporte do espelho de 5 metros de Pasadena para o Monte Palomar. A carga de 40 toneladas necessitou de 3 caminhões para empurrar e puxá-lo morro acima. O percurso de 200 quilômetros gastou 32 horas para o transporte. O concreto que estava na estrutura, no lugar do espelho (para verificar se a estrutura aguentava o peso) é removido e o espelho colocado no lugar. O espelho, então, é polido novamente, para os ajustes finais. Este procedimento levou mais 2 anos. Além de todas essas dificuldades técnicas, o período da Segunda Guerra Mundial atrasou a construção desse surpreendente instrumento que, por muitos anos dominaria como sendo o maior dos telescópios do século passado.

## A radioastronomia

Outro avanço marcante ocorreu no Reino Unido com o surgimento das antenas de rádio para observação militar, ou seja: os radares. Em meados de 1945, com o fim da segunda grande guerra, instala-se a antena de 66,4 metros de comprimento com o objetivo de rádio-observação. *Jodrell Bank* foi o primeiro radiotelescópio construído. O desenvolvimento da radioastronomia foi um trabalho pioneiro de Karl G. Jansky, um engenheiro de rádio norte-americano que trabalhava no

Radiotelescópio Jodrell Bank (Inglaterra)

Laboratório da Bell[57] e que, em 1932, percebe um sinal semelhante à estática de rádio vindo da constelação de *Sagitarius*.

Em 1951 começa a ser projetada MK I, uma antena parabólica de 78 metros, para recepção de ondas de rádio. Seis anos mais tarde, após vários problemas técnicos, ela é inaugurada. No ano de 1964 a segunda antena de *Jodrell Bank*, a MK II, com um refletor de 25 metros, é inaugurada no mesmo local da antiga antena de 66,4 metros.

Em 1963, teve início as atividades do radiotelescópio de *Arecibo* - a maior antena do mundo. Ele foi construído numa depressão natural em Porto Rico e o diâmetro do refletor é de 305 metros. *Arecibo* é usado tanto para captar como para enviar sinais ao espaço. É o radiotelescópio responsável por captar os sinais do Projeto SETI na busca de vida extraterrestre, em condições de se comunicarem conosco. Embora o refletor não possa ser movimentado, a antena recebe e envia sinais ao céu desde 43° norte até 6° ao sul.

No mês de agosto de 1972 é aprovado o projeto do *Very Large Array** (VLA), cuja construção foi iniciada oito meses mais tarde. Em 1975, a primeira antena é instalada e, em 1980, o VLA é finalmente inaugurado. Este se localiza

---

57 Companhia telefônica fundada em 1877, nos Estados Unidos.

na planície de San Augustin, norte de Socorro, Novo México, e tem uma formação em "Y" na qual são dispostas as diversas antenas de recepção. Cada antena da formação tem o diâmetro de 25 metros e uma massa de 230 toneladas.

O último grande instrumento da radioastronomia foi inaugurado em 22 de agosto de 2000, no Observatório Nacional de Radioastronomia dos Estados Unidos, em West Virgínia, na cidade de Pocahontas. O *Green Bank Telescope* tem uma superfície metálica de reflexão de 100 por 110 metros. O projeto do mecanismo permite ao instrumento captar sinais a partir de uma altura de cinco graus acima do horizonte.

## Os grandes telescópios ópticos

Retornando aos instrumentos ópticos, o observatório russo *Zelenchukskaya*, localizado no monte *Pastukhov*, ao norte do Cáucaso, foi inaugurado em 1976. Depois de anos de "domínio" do grande telescópio americano de monte Palomar, o telescópio de Zelenchukskaya passa a ser o maior telescópio do mundo, com um espelho de 6 metros de diâmetro e 65 cm de espessura. Esse telescópio foi o maior do mundo por poucos anos.

O interesse por telescópios maiores e a introdução de novas técnicas no emprego de um mosaico de espelhos para formar um espelho maior fizeram com que o observatório russo perdesse logo essa condição. Os telescópios Keck I e Keck II, que estão localizados em Mauna Kea, no Havaí, são hoje os dois maiores telescópios do mundo. Ao invés de um único e gigantesco espelho, os telescópios de Keck possuem 36 espelhos sextavados montados de forma a equivalerem a um espelho de 10 m de diâmetro. Keck I entrou em operação em 1993 e Keck II em 1996. Cada espelho sextavado tem 1,8 m de diâmetro e o domo aproximadamente 31 m de altura e 37 de largura.

## Telescópio no espaço

Nesse intervalo de tempo, o Telescópio Espacial Hubble foi uma grande revolução na astronomia, apesar de ser uma ideia antiga quando foi desenvolvido. Surgiu da necessidade de obtermos melhores imagens e da dificuldade de se construir grandes telescópios na Terra. A solução, um telescópio no espaço livre dos efeitos da atmosfera. Apesar do pequeno espelho em comparação aos gigantes na superfície terrestre, acabaria por produzir imagens fantásticas pela sua localização privilegiada no espaço. O espelho primário do Telescópio Espacial Hubble é de 2,4 metros de diâmetro. Esse diâmetro foi limitado pelo tamanho do compartimento de carga do ônibus espacial que o colocou em órbita terrestre em 25 de abril de 1990

Telescópio Espacial Hubble

| Dados do Telescópio Espacial Hubble | |
|---|---|
| Lançamento | 24/04/1990 |
| Agência | NASA |
| Período orbital | 96 minutos |
| Velocidade linear média | 28.000 km/h |
| Comprimento | 13,3 metros |
| Diâmetro | 4,2 metros |
| Massa | 11.110 kg |
| Altitude da órbita | 569 km |
| Potência elétrica | 2.800 watts |
| Geração de energia | Paineis solares fotovoltaicos |
| Tipo de telescópio | Ritchey-Chrétien (refletor) |
| Diâmetro do espelho | 2,4 metros |
| Veículo de lançamento | Ônibus espacial Discovery |

## Os gigantes

No fim do século passado, tivemos também a inauguração do grande Telescópio Subaru, localizado em Mauna Kea, no Havaí. Atuando no espectro óptico-infravermelho, ele era grandioso tanto pelo tamanho do espelho (8,3 metros de diâmetro) como também por causa da tecnologia utilizada. O formato cilíndrico de seu domo foi desenvolvido para minimizar a turbulência atmosférica por que passa a luz e o sistema de guiagem utilizada é um mecanismo magnético. O telescópio de Subaru foi pré-fabricado no Japão e, posteriormente, transportado para Mauna Kea. Ele foi inaugurado em janeiro de 1999.

Outro grandioso telescópio óptico é o do Projeto *Gemini* (dois telescópios gêmeos). Cada um desses telescópios tem um espelho único de 8 metros de diâmetro. Um deles está em operação no complexo astronômico de Mauna Kea e a sua primeira foto científica foi no dia 16 de outubro de 2000. Imagem esta que retrata a região central da nossa galáxia na direção da constelação de Sagitário. Essa data marca o início das suas atividades científicas. O Telescópio Gemini Sul está instalado em Cerro Pachon, no Chile. O Brasil tem uma pequena participação de 2,5% de um orçamento total de 176 milhões de dólares, o que lhe dará direito poucos dias do ano para observações de interesse dos pesquisadores brasileiros. Junto ao Gemini Sul está o Projeto SOAR* de um telescópio de 4 metros de espelho no qual o Brasil tem uma participação bem maior no capital, superior a 42% de um orçamento de 28 milhões de dólares.

Por último, na transição do Século XX para o XXI, houve o projeto *Very Large Telescope (VLT)*. Ele é constituído de quatro telescópios de 8 metros de diâmetro, localizados em Cerro Paranal, no Chile, que juntos correspondem a um telescópio de 16,4 metros de diâmetro, o maior do mundo para sua época. Esses instrumentos trabalham como um interferômetro e para isso três outros telescópios de 1,8 metros de diâmetro foram construídos. Existe ainda um quarto telescópio de 2,5 metros de diâmetro, que trabalha como telescópio auxiliar.

# Sofisticando a Astronomia

Hoje, os modernos telescópios de observação terrestre ganharam espelhos com enormes diâmetros, adaptados em estruturas práticas de se manobrar, que permitem recolher a maior quantidade possível de luz e, consequentemente, imagens do espaço, como buracos negros, planetas, estrelas e as galáxias mais distantes do universo. Conheça alguns dos telescópios relevantes para a astronomia:

### *European Extremely Large Telescope* (E-ELT)

Apesar de seu funcionamento estar previsto apenas para 2021, o E-ELT é um dos promissores telescópios da próxima geração. O projeto, avaliado em 2,7 bilhões de reais, atuará com um telescópio gigante, tendo um conjunto de espelhos de 39,3 metros de diâmetro, medidas que superam quase quatro vezes as dos atuais telescópios ópticos. O observatório está em construção a 3 mil metros de altitude, na montanha do *Cerro Armazones*, no deserto do Atacama, Chile. O E-ELT fará imagens com mais precisão e qualidade do que o telescópio espacial Hubble, driblando o efeito de distorção causado pela atmosfera terrestre. Ele compõe o quadro de instrumentos do ESO (European Southern Observatory), do qual o Brasil deixou de fazer parte em 2018 por falta de pagamento.

### *Very Large Telescope* (VLT)

Embora já o tenhamos abordado, cabe acrescentar que o VLT compõe o quadro de telescópios do ESO, sendo um dos instrumentos ópticos mais avançado do mundo. Composto por quatro espelhos de 8,2 metros e quatro telescópios auxiliares móveis com espelhos de 1,8 metros, eles atuam juntos permitindo aos astrônomos observarem detalhes com precisão bastante superior à dos telescópios individuais. Com esta precisão consegue-se reconstruir imagens com uma resolução angular de milisegundos de arco, o que significa que ele seria capaz de distinguir dois faróis de um carro na Lua. Atuando de forma individual, em uma hora de exposição os telescópios de

8,2 metros podem obter imagens de objetos de magnitude 30. Para termos uma ideia, o olho humano enxerga no máximo objetos com magnitude 6.

Telescópio E-ELT (ilustração)

Telescópio VLT

## Southern Astrophysical Research Telescope (SOAR)

Este instrumento de 4,1 metros é capaz de produzir imagens de melhor qualidade que qualquer outro observatório do mundo na mesma categoria. Financiado por um consórcio entre o National Optical Astronomy Observatory, a Universidade da Carolina do Norte e a Universidade Estadual do Michigan, tem o Brasil como sócio majoritário, com 31% do tempo do telescópio. O SOAR foi inaugurado em 17 de abril de 2004 e está situado em Cerro Pachón, uma montanha dos Andes Chilenos com altitude de 2.700 metros acima do nível do mar. O telescópio e sua cúpula esférica branca estão localizados a algumas centenas de metros do seu vizinho, o telescópio Gemini Sul, com espelho de 8,1 metros de diâmetro.

Esse telescópio é o principal meio observacional a que o Brasil terá acesso na próxima década. A óptica do telescópio foi projetada para espectroscopia do ultravioleta até o infravermelho próximo. Os espelhos utilizam de um vidro com baixo coeficiente de expansão térmica, conhecido como ULE (*Ultra Low Expansion*). Com uma ótica ativa de 120 atuadores eletromecânicos o espelho primário possui somente 10 cm de espessura, o que permite uma curvatura do espelho para atuar em várias posições. Além da óptica ativa possui também óptica adaptativa ligada ao espelho primário e secundário para a correção da turbulência atmosférica. O espelho terciário também é capaz de corrigir parcialmente esta turbulência utilizando de uma técnica chamada de *tip-tilting*. O telescópio é abrigado por um prédio projetado nos Estados Unidos, construído por empreiteiras chilenas, com a cúpula construída no Brasil utilizando painéis de fibra de vidro vindo dos Estados Unidos.

## Thirty Meter Telescope (TMT) (Telescópio de Trinta Metros)

O TMT será um telescópio com observações que vão do espectro ultravioleta-próximo ao infravermelho-médio. Ele está sendo construído no Mauna Kea, Havaí. Desde 2014 sua obra vem sofrendo com protestos na região, considerada sagrada pelo povo havaiano. A óptica adaptativa deo TMT irá corrigir a perda de foco derivada pela interferência atmosférica da Terra, permitindo observações com resolução dez vezes a apresentada pelo Telescópio Espacial Hubble da NASA.

## *Large Binocular Telescope* (LBT)

O Grande Telescópio Binocular está localizado no Monte Graham, a 3.300 metros de altitude, no sudeste do Arizona, nos Estados Unidos. O LBT é, atualmente, um dos mais avançados telescópios ópticos do mundo. Ele tem dois espelhos de 8,4 metros de diâmetro. O telescópio está em funcionamento desde 2007 e foi construído em parceria entre EUA, Alemanha e Itália.

## *Gran Telescopio Canarias* (GTC)

Esse telescópio tem uma tecnologia muito avançada. Seu espelho refletor tem 10,4 metros de diâmetro e está situado em La Palma, nas Ilhas Canárias, Espanha, a mais de 2.200 m de altitude. Foi inaugurado, oficialmente, em 2009 pelo rei da Espanha. O projeto teve a parceria de Espanha, México e Estados Unidos.

## Observatório W. M. Keck

Este observatório, situado no monte Mauna Kea, no Havaí, Estados Unidos, possui dois grandes telescópios: Keck 1 e Keck 2. Cada um tem um espelho com 10 m de diâmetro, que permite observar também em infravermelho. O Keck 1 foi inaugurado em 1993 e o Keck 2, em 1996.

## Southern African Large Telescope (SALT)

O Grande Telescópio Sul-Africano é o maior do hemisfério sul. O Salt é um enorme hexágono de 11 metros de diâmetro, preenchido com 91 espelhos hexagonais menores. Ele está localizado a 1,5 mil metros acima do nível do mar, perto da cidade de Sutherland, na região semidesértica do Karoo, na África do Sul. As condições de observação são ideais, pois há pouca poluição atmosférica e não há interferência de outras fontes de luz.

## Gigante Telescópio de Magalhães

O GMT (Great Magellan Telescope) será um telescópio composto de sete espelhos de 8,4 metros cada, correspondendo a um único espelho de cerca de 25 metros de diâmetro. Essa dimensão proporciona grande superfície coletora de luz se comparado aos telescópios disponibilizados atualmente. Com construção no Observatório Las Campanas, nos Andes Chilenos, deserto do Atacama, a previsão é de que ele inicie suas atividades em 2024. Este instrumento possibilitará aos astrônomos observações sobre a formação de estrelas e galáxias logo após o Big Bang, além de medir massas de buracos negros e descobrir e caracterizar planetas ao redor de outras estrelas.

Os espelhos primários e secundários, atuando de forma combinada, serão capazes de captar luz cem vezes mais que o telescópio Hubble, produzindo imagens com poder de separação 10 vezes maior. Será dotado de ótica ativa e também ótica adaptativa, além de um sofisticado espectrógrafo, possibilitando decompor a luz nas faixas dos espectros eletromagnéticos e com altíssima resolução. A grande área coletora do telescópio, associada à precisão do espectrógrafo proporcionará uma inovação importantíssima na análise de exoplanetas. Um dos objetivos do GMT é encontrar bioassinaturas, identificando a presença de moléculas de água em estado líquido e oxigênio através da espectroscopia. A presença destas moléculas pode evidenciar vida em um destes planetas, além de precisar a que distância, onde estão e assumir novas perspectivas de estudo.

No Brasil, o maior telescópio é o do Observatório de Astrofísica de Brasópolis, no sul de Minas, e o segundo maior também é em Minas Gerais no Observatório Frei Rosário, na Serra da Piedade, em Caeté, a 50 km de Belo Horizonte.

Telescópio Gigante de Magalhães (ilustração)

# Os Radiotelescópios

Os radiotelescópios são instrumentos de observação astronômica capazes de captar ondas eletromagnéticas não visíveis: as ondas de rádio. Algumas estruturas astronômicas, como galáxias distantes, estrelas e buracos negros, emitem uma grande quantidade de ondas de rádio. Essas ondas não são captadas por lentes, como ocorre nos telescópios convencionais.

A primeira observação de ondas de rádio provenientes de objetos astronômicos ocorreu em 1932, na *Bell Telephone Laboratories*[58], e possibilitou a descoberta de diversas estruturas astronômicas invisíveis aos telescópios ópticos, como os quasares*e pulsares*.

**FAST - Five Hundred Meter Aperture Spherical Telescope / China**
**(maior radiotelescópio da atualidade)**

## Ondas de rádio

As ondas captadas pelos radiotelescópios são denominadas de ondas de rádio ou ondas hertzianas, em homenagem ao físico alemão Heinrich Hertz (1857–1894). Essas ondas ocupam uma vasta faixa do espectro eletromagnético. Suas frequências são menores que as ondas de infravermelho, variando entre 300 GHz ($3,0x10^{11}$ Hz) e 3 kHz ($3,0x10^{3}$ Hz). Propagam-se no vácuo com a velocidade da luz (aproximadamente a $3,0x10^{8}$ m/s). Comparadas às outras ondas eletromagnéticas, são as que apresentam os maiores comprimentos de onda e as menores frequências e energia, além de serem consideradas radiação não ionizantes, pois não apresentam energia suficientemente para danificar as moléculas de DNA.

58 Empresa de pesquisa industrial, desenvolvimento científico e telefonia (New Jersey, Estados Unidos).

Estes tipos de ondas são largamente utilizadas em meios de telecomunicações, como televisão, rádio e telefonia celular. Apesar disso, os radiotelescópios são calibrados para detectar frequências diferentes das utilizadas por esses equipamentos.

As ondas de rádio produzidas pelos aparelhos de celular são alguns bilhões de vezes mais intensas que a radiação proveniente da maioria das estrelas longínquas observadas em radiotelescópicos.

## História

Os radiotelescópios são a principal ferramenta da radioastronomia, atividade que remonta aos anos 30 do século passado, quando Karl Guthe Janksy passou a investigar a origem da estática que interferia na operação de circuitos de radiotelefone em comunicações transoceânicas. Para concluir seu trabalho, Janksy recorreu a uma antena direcional, que apontou três fontes de interferência nas transmissões. As duas primeiras eram tempestades elétricas locais e outras mais distantes.

A terceira fonte foi um mistério só resolvido após um ano de estudo. Os resultados apontaram para uma estática constante, que teve sua origem detectada na própria galáxia onde a Terra se encontra, isto é, na Via Láctea. Essas interferências foram, então, as primeiras captações constatadas de ondas vindas dos corpos celestes. No entanto, as atenções para esse ramo do estudo dos astros só foi desenvolver-se e ter sua consolidação após a Segunda Guerra Mundial.

## Funcionamento

Diferentemente dos telescópios ópticos, o radiotelescópio utiliza uma grande antena de formato parabólico para a captação de ondas de rádio. Essas antenas funcionam como grandes espelhos para ondas de rádio. O tamanho das antenas depende da frequência das ondas de rádio que serão observadas. Esse tamanho é bastante variável e pode chegar a 576 m de diâmetro, como no caso de um dos maiores radiotelescópios do mundo, o RATAN-600, localizado na Rússia. As ondas de rádio percorrem enormes distâncias até chegar às antenas dos radiotelescópios. Quando chegam, são refletidas em direção a um receptor de ondas localizado em um ponto chamado de foco.

A capacidade de um radiotelescópio de distinguir detalhes em objetos astronômicos está ligada à sua resolução angular. Essa propriedade depende da área da antena. Para que um radiotelescópio apresente uma resolução similar à de um telescópio óptico, sua área deve ser ainda maior. A fim de resolver esse tipo de problema, são feitas associações com vários radiotelescópios menores, mas em grandes áreas, que trabalham como um único radiotelescópio gigante. O mecanismo é simples: ao usar dois ou mais radiotelescópios distanciados, as ondas de rádio incidentes em cada um deles chegarão com uma pequena diferença de tempo. Esse intervalo de tempo possibilita outras perspectivas de imagem do mesmo objeto. Como resultado, obtém-se um grande aumento da resolução angular, permitindo a observação de objetos muito distantes ou pouco luminosos.

# Sondas Espaciais

Concepção artística da Sonda Cassini

Ainda há muito o que explorar no universo. Só o Sistema Solar abriga estruturas que nos ocuparão por séculos na tentativa de desvendar seus mistérios. E, embora não tenhamos ido tão longe, enviamos veículos espaciais não tripulados para coletar informações sobre os planetas vizinhos, asteroides, cometas e satélites. Denominamos estes veículos de sondas espaciais.

Normalmente as sondas possuem recursos de telemetria, que permitem estudar à distância, as características físico-químicas, fotografar e, por vezes também, analisar o ambiente presente no astro. Algumas sondas, como *Landers* ou *Rovers*, pousam na superfície dos astros celestes, para estudos geológicos e do clima. As primeiras sondas para estudar corpos celestes foram lançadas no fim da década de 1950 pela extinta União Soviética e pelos Estados Unidos, logo no início da exploração espacial, e tiveram fundamental importância na exploração dos mistérios do universo. Recentemente, a Agência Espacial Europeia, Japão, República Popular da China e Índia também lançaram suas sondas.

Além de suas contribuições para nos esclarecer sobre nosso passado, as sondas fazem prospecções que melhoram nosso entendimento sobre o futuro, não só do planeta Terra como da cosmologia geral. É importante distingui-las dos satélites artificiais que, por sua vez, destinam-se a atingir a órbita terrestre. Quando se trata da órbita de outros planetas, satélites naturais ou até mesmo pequenos asteroides, necessitamos do envio de sondas espaciais.

## Tipos de sondas

| Tipo | Descrição |
| --- | --- |
| Sobrevoo (*flyby*) | Passa próxima a um astro e o analisa com seus instrumentos. |
| Orbitador (*orbiter*) | Entra em órbita de um astro, passando a funcionar como um satélite artificial do mesmo. |
| Impacto (*impact*) | Colide com um astro, fazendo análises durante a aproximação ou colisão a ele. |
| Aterrissadora (*lander*) | Pousa num astro analisando-o *in loco*; muitas vezes leva consigo uma sonda veicular. |
| Veicular (*rover*) | Com capacidade de locomoção para analisar uma área maior de um astro. |
| Observatório (*observatory*) | Sonda com capacidade telescópica, que pode atuar em uma ou mais faixas do espectro eletromagnético, para efetuar observações astronômicas, geofísicas e espectrais, sem as distorções provocadas pela atmosfera terrestre. |

As missões com sondas nem sempre lograram êxito em seus objetivos, mas deixaram um grande aprendizado para novas explorações. No século passado, durante a corrida espacial, embora os Estados Unidos tenham tido mais sucesso, a antiga União Soviética foi a primeira nação a lançar um objeto para fora do nosso campo gravitacional, a sonda Lunik 1, também conhecida como Luna 1. Os soviéticos já haviam lançado dois satélites: o Sputnik 1 e o Sputnik 2, que levou a bordo a cadela Laika, em 1957. Dentro ainda do Programa Lunik, no ano de 1959, a Lunik 2 torna-se o primeiro objeto construído pelo homem a chegar em um corpo celeste. Embora a Vostok 1, lançada em 12 de abril de 1961, não seja uma sonda, mas uma nave tripulada, cabe menção pelo marco que os soviéticos registraram. Foi a primeira vez que um humano foi ao espaço exterior, e o primeiro voo orbital em uma nave tripulada. A bordo estava o cosmonauta Yuri Gagarin. Este acontecimento aumentou ainda mais a competitividade na corrida espacial destas duas grandes potências na época. Este feito permaneceria até a chegada do homem à Lua, com Neil Armstrong sendo o primeiro homem a pisar no satélite natural da Terra.

Nessa corrida espacial frenética, tivemos grandes conquistas, descobertas e uma grande evolução científica, além de tragédias, como no caso da Soyuz 1 e Apollo 1, culminando com a mortes de seus tripulantes. O caso da Soyuz foi o primeiro acidente de um voo espacial registrado na história.

# Programa Pioneer (Pioneiro)

Este programa espacial, desenvolvido pelos americanos, permitiu o envio de missões não tripuladas ao espaço com o objetivo de exploração planetária. Na extensa lista de missões dentro do programa, destacaram-se as sondas Pioneer 10 e Pioneer 11, que exploraram os planetas externos e deixaram o Sistema Solar após isso. As duas sondas carregam uma placa dourada, com as figuras de um humano masculino e outro feminino, além da posição do Sol na galáxia, identificada por linhas radiais representando a posição de pulsares e um desenho esquemático da trajetória da sonda.

Concepção artística da Pioneer (NASA)

A Pioneer 10 foi lançada em 02 de março de 1972 e a Pioneer 11 em 05 de abril de 1973. As sondas sobrevoaram Júpiter (Pioneer 10) e Júpiter e Saturno (Pioneer 11). Dentre os objetivos destacamos:

- explorar o meio interplanetário para além da órbita de Marte;
- medir a temperatura da atmosfera de Saturno e Titã (satélite de Saturno);
- obter imagens, sondar os anéis e atmosfera de Saturno, determinar sua massa;
- mapear o campo magnético interplanetário;
- estudar a heliosfera;
- estudar o cinturão de asteroides;
- obter informações sobre as causas da radiação de Júpiter;
- medir a temperatura da atmosfera de Júpiter;
- estudar o satélite Io, de Júpiter, dentre outros.

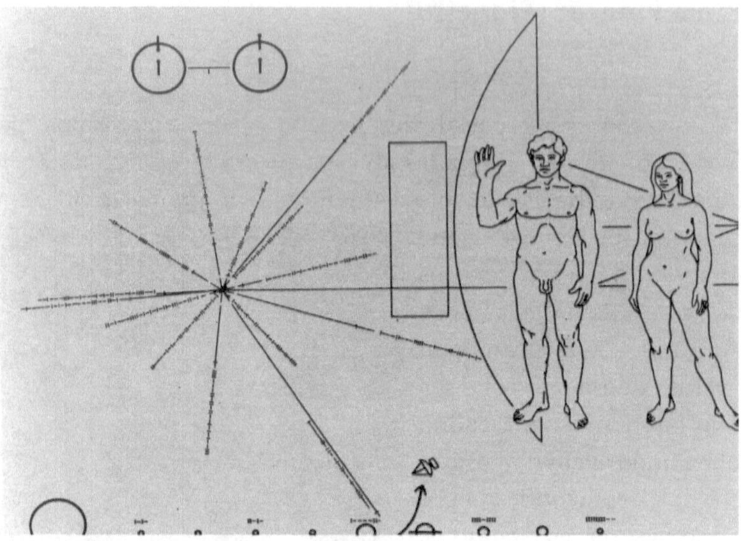

Design da placa fabricada em liga de alumínio e anodizada em ouro. A placa foi fixada no exterior da nave, nos suportes estruturais da antena de alto ganho, numa região protegida da erosão pela poeira interestelar.

Até o último sinal recebido pela Pionner 10, em 23 de janeiro de 2003, ela permanecia enviando dados do Sistema Solar exterior. Já com a Pioneer 11, não temos comunicação desde 24 de novembro de 1995. A expertise adquirida com a tecnologia das duas sondas abriu caminho para desenvolvimento de outros projetos, como a Voyager 1 e Voyager 2. Em outubro de 2009 a Pioneer 10 marcou 100 UA[59] (unidades astronômicas), o que corresponde a 15 bilhões de km de distância do Sol, tornando-se o segundo objeto produzido pelo homem, mais distante de nós. O primeiro objeto é a sonda Voyager 1, de quem trataremos mais adiante. A Pioneer 10 está em direção à constelação de Touro. Com uma velocidade relativa de 2,6 UA por ano, aproximará da estrela Aldebarã (alfa da constelação de Touro) em 2 milhões de anos.

## Programa Viking

Este programa não tripulado da NASA consistiu em duas sondas: Viking 1, lançada em 20 de agosto de 1975 e Viking 2, lançada em 09 de setembro do mesmo ano. As duas sondas eram compostas por duas partes principais: o orbitador em forma de octágono, com dois metros e meio de

---

59 UA (unidade astronômica): unidade de distância, aproximadamente igual à distância média entre a Terra e o Sol, que é de aproximadamente 150 milhões de km.

diâmetro, e o *lander* (veículo de solo). Enquanto o orbitador tinha como objetivo servir de ponte de comunicação, registro das imagens e transportar os *landers*, estes últimos possuíam equipamentos para estudos geológicos, químicos, meteorológicos e biológicos, além de contribuírem com milhares de fotografias da superfície de Marte. Aproximações aos satélites naturais *Fobos* (Medo) e *Deimos* (Pavor) também fizeram parte da missão que, embora não tenha identificado organismos vivos, foram bem-sucedidas, embasando grande parte do conhecimento sobre este planeta até meados dos anos 2000. A descoberta de formas geológicas que envolvem a movimentação de água em sua formação revolucionou as ideias científicas sobre a existência de água no planeta vermelho. As fotografias também despertaram grande interesse, já que Marte sempre mexeu com a imaginação do homem, sendo inclusive bastante explorado nas produções cinematográficas. As operações da Viking 1 foram encerradas no início da década de 1980, e da Viking 2 em 1978.

## Programa Voyager

O programa Voyager teve início em 1977, com as sondas inicialmente dentro do programa *Mariner*. Devido às grandes diferenças com o projeto inicial, foi, então, renomeado como Programa Voyager. As missões consistiam primeiramente em estudar Júpiter, Saturno e seus sistemas de satélites. Posteriormente tivemos a ampliação das missões incluindo Urano, Netuno e o espaço após a órbita de Plutão. A primeira a ser lançada foi a Voyager 2, em 20 de agosto de 1977, seguida pelo lançamento da Voyager 1, em 5 de setembro de 1977. Utilizando de uma trajetória diferente, a Voyager 1 chegou primeiro em Júpiter e Saturno. O método utilizado é conhecido como "assistência gravitacional", o qual usa da gravidade de um planeta para alterar a trajetória e a velocidade de um veículo espacial. Assim, a equipe da missão impulsionou a Voyager 1 até Saturno utilizando-se da gravidade de Júpiter. De forma semelhante utilizaram a "assistência gravitacional" para impulsionarem a Voyager 2 de Saturno a Urano e depois até Netuno. As sondas

Concepção Artística Voyager

atingiram uma velocidade máxima aproximada de 58.000 km/h (Voyager 2) e 62.000 km/h (Voyager 1).

No final de 1989, o astrônomo Carl Sagan, de quem já tratamos aqui, propôs a ideia de que a sonda pudesse tirar uma última foto da Terra, vista da região onde a Voyager 1 se encontrava, há 40,5 UA (6 bilhões de quilômetros) de distância de nós. A foto foi tirada em 1990, não sem alguma resistência e adversidades. A princípio houve uma resistência por parte da equipe, já que isto não estava nos planos da missão e girar a sonda para tirar a foto poderia comprometer a energia fracionada. Além disso, a NASA passava por um período de transferência de profissionais para outros setores. Sagan sabia que a imagem não tinha valor científico, mas persistiu na ideia pois acreditava ser imprescindível termos uma perspectiva de nossa localização no universo. A foto tirada à distância de 40,5 UA (além de Netuno) ficou conhecida como Pálido Ponto Azul (*Pale Blue Dot*), o qual já foi abordado anteriormente no capítulo sobre o astrônomo e cosmólogo Carl Sagan.

As sondas do Programa Voyager produziram resultados científicos valiosíssimos, além de fotografias com maiores detalhes sobre alguns planetas e seus satélites. Dentre os estudos, constam a Grande Mancha Vermelha de Júpiter, descobertas de tempestades devastadoras em Saturno (com ventos dez vezes mais fortes que os grandes tornados da Terra), detecção de hidrocarbonetos no satélite natural Titã (Saturno). Detecção esta que motivaria o projeto da sonda Cassini-Huygens, sobre a qual abordaremos na sequência. Além disso, tivemos descobertas de vários satélites dos planetas externos através do Programa Voyager. As sondas Voyager são alimentadas pelo decaimento de plutônio-238, com energia fornecida por três geradores termoelétricos de radioisótopos.

Findadas as missões dentro do Sistema Solar, iniciou-se a Missão Interestelar do programa Voyager, no ano de 1990, e levam consigo uma mensagem da humanidade, gravadas num disco fonográfico feito de cobre e folheado a ouro. Os discos, conhecidos como Discos de Ouro da Voyager, carregam uma variedade de sons da Terra, além de fotos, nossa localização e outras mensagens com o objetivo de alertar sobre nossa existência a alguma possível civilização que resgate as sondas. Eles possuem também instruções de como reproduzi-los e saudações em 55 idiomas. A Voyager 1 é o objeto feito pelo homem mais distante da Terra e o primeiro a deixar o Sistema Solar.

## Sonda Juno

A Juno é uma sonda espacial da NASA, lançada em 05 de agosto de 2011 e que atualmente orbita o planeta Júpiter. Seu nome faz referência à deusa romana esposa de Júpiter, além de ser um acrônimo de *"Jupiter Near-polar Orbiter"*. Esta sonda é a segunda do Programa *New Frontiers* da NASA, sendo precedida pela sonda *New Horizons*. A Juno tem como missão

Concepção Artística da Sonda Juno - Créditos: NASA/JPL

principal investigar a origem e a evolução do gigante gasoso, determinando a quantidade de água na sua atmosfera, aferir propriedades do interior da atmosfera como temperatura, composição, sua gravidade e magnetosfera. Diferente de outras sondas, que utilizam geradores termoelétricos de radioisótopos, a Juno é alimentada por energia solar. Esta sonda é a que mais longe chegou utilizando este tipo de geração de energia, quebrando o recorde antes estabelecido pela sonda *Rosetta*, da Agência Espacial Europeia. Outro recorde que a Juno carrega é o de ser o objeto mais rápido já construído pelo homem, quando, ao utilizar a gravidade de Júpiter, a sonda atingiu mais de 250.000 km/h.

Na página oficial da missão, são disponibilizadas imagens obtidas pela sonda, além de um banco de dados com fotos do planeta registrado por observadores do mundo todo. Gilberto Dumont, coautor deste livro e membro da APEPA (Associação Patense para Estudo e Pesquisa em Astronomia) colaborou com algumas imagens registradas pelo telescópio do Observatório Dumont, disponibilizadas na página da Missão Juno.

## Sonda Cassini-Huygens

A missão (não-tripulada) *Cassini-Huygens*, proporcionou uma revolução no entendimento sobre o planeta Saturno e seu sistema de luas. Neste projeto conjunto da NASA (Agência Espacial Norte-americana), ESA (Agência Espacial Europeia) e ASI (Agência Espacial Italiana), a sonda consistia em dois elementos principais: o orbitador *Cassini* e a sonda *Huygens*. Com seu lançamento em 15 de outubro de 1997, ela entrou em órbita de Saturno em 1º de julho de 2004 e continuou em operação até 15 de setembro de 2017, estudando o planeta, seus satélites naturais, a heliosfera e testando a Teoria da Relatividade, de Albert Einstein. Entre as muitas descobertas da missão, estão ambientes potencialmente habitáveis nas luas de Saturno, incluindo um oceano de água sob as grossas crostas de gelo na lua *Enceladus*, onde registrou enormes jatos de vapor d'água jorrando de rachaduras em um de seus polos.

Num projeto que levou duas décadas de planejamento e desenvolvimento até seu lançamento, após uma viagem interplanetária de quase sete anos, na qual sobrevoou Vênus e Júpiter, a nave entrou em órbita de Saturno na metade de 2004. Em dezembro daquele mesmo ano a sonda europeia *Huygens* separou-se do orbitador *Cassini* e em 14 de janeiro de 2005 entrou na atmosfera do maior satélite de Saturno, Titã, pousando na sua superfície e transmitindo imagens e dados para a Terra. Essa era a primeira vez em que um objeto construído pelo ser humano pousou num corpo celeste do Sistema Solar exterior*.

A *Cassini-Huygens* faz parte do Programa *Flagship*, para os planetas exteriores, considerado o maior e mais caro programa espacial não tripulado da Agência Espacial Estadunidense. As outras missões deste programa incluem as *Vikings*, as *Voyagers* e a *Galileu*. A espaçonave de duas partes foi batizada em homenagem aos astrônomos Giovanni Cassini e Christian Huygens. Dezesseis países europeus, integrantes da Agência Espacial Europeia, e os Estados Unidos formaram a equipe responsável pela missão *Cassini-Huygens*. A missão foi dirigida pelo *Jet Propulsion Laboratory* da NASA, nos Estados Unidos, onde o orbitador foi montado. A *Huygens* foi desenvolvida pelo Centro Europeu de Tecnologia e Pesquisa Espacial, localizado nos Países Baixos*. O contratante principal do Centro, a francesa *Aérospatiale*, hoje *Thales Alenia Space*, montou a sonda com equipamentos e instrumentos fornecidos por diversos países europeus (as baterias e dois instrumentos científicos foram fornecidos pelos Estados Unidos). A Agência Espacial Italiana (ASI) forneceu ao orbitador *Cassini* a antena de alta frequência com a incorporação de uma antena de baixa frequência, um radar compacto que também usava a antena de alta frequência e funcionava como altímetro e radiômetro. Outros componentes eletrônicos foram fornecidos pelo *Centre National d'Études Spatiales*, a agência espacial francesa.

Para prevenir que a sonda não contaminasse as luas do planeta — como Titã e *Prometheus* — a agência espacial programou *Cassini* para que ela se chocasse diretamente com Saturno, que é gasoso, e se desintegrasse em meio aos gases e às tempestades que formam o planeta. A missão teve um custo final de mais de 3 bilhões de dólares. Os últimos passos da *Cassini* revelaram dados sobre o planeta, sua atmosfera, nuvens, materiais dos aneis, e sua misteriosa gravidade e campo magnético. Com o fim desta missão a NASA e outras agências espaciais pretendem criar um novo projeto inteiramente dedicado ao estudo da lua Titã. Além disso, muitos estudos ainda serão feitos com os dados vindos da *Cassini*. São trabalhos como o da brasileira Rosaly Lopes[60], que entrou para o livro dos recordes como a pessoa que mais descobriu vulcões na lua *Io*, de Saturno: um total de 71 estruturas ativas.

## Programa Chang'e

O programa chinês de exploração lunar é também conhecido como *Chang'e* (deusa chinesa da Lua). O programa geral utilizará de orbitadores, módulos de alunissagem, *rovers* e naves para retorno com as amostras. Além das missões robóticas, há previsão também para missão humana dentro do programa. As duas primeiras sondas, *Chang'e* 1 e 2, atuaram como orbitadores. Já a *Chang'e* 3, na segunda fase do programa, alunissou transportando o primeiro *rover* lunar chinês, o *Yutu* (Coelho de Jade). E a última, *Chang'e* 4, lançada em 12 de dezembro de 2018, pousou no lado oculto da Lua em 3 de janeiro de 2019 com seu *rover Yutu* – 2. Ela levou ovos de bicho-da-seda, sementes e flores para observar a germinação em condições de baixa gravidade na superfície lunar.

Há ainda uma terceira fase com alunissagem e retorno à Terra com as amostras colhidas, prevista para o final deste ano de 2019 (*Chang'e* 5) e, se tudo ocorrer como o planejado com as sondas não-tripuladas, a Administração Espacial Nacional da China planeja enviar na quarta fase uma nave tripulada com chineses, entre 2025 e 2030.

## Lunar Reconnaissance Orbiter (LRO)

Lançada em junho de 2009, a LRO (NASA) é uma sonda em órbita da Lua com o objetivo de mapear a superfície lunar. Esse estudo identifica áreas interessantes para a ciência e locais que se adequem melhor a diferentes tipos de missões humanas e robóticas na Lua futuramente. Além de pesquisar a radiação, temperatura e hidrogênio na Lua, os equipamentos da LRO

---

60 Astrônoma, geóloga planetária, vulcanóloga e escritora brasileira.

possibilitam um mapeamento 3D da sua superfície, fornecendo o mapa mais preciso do satélite natural da Terra até o momento.

## New Horizons

Lançada em 19 de janeiro de 2006, a sonda pertencente ao programa *New Frontiers* da NASA, juntamente com a sonda Juno, sobrevoou Plutão em 14 de julho de 2015. Depois de nove anos e meio de viagem interplanetária, neste dia alcançou sua menor distância em relação

Concepção artística da Sonda New Horizons - Créditos: NASA/JPL

à este planeta anão (cerca de 12.500 km de distância) e com uma velocidade de 45.000 km/h. Além de estudar Plutão, a sonda fotografou os pequenos satélites *Nix*, *Hydra*, *Estige* e *Caronte*. Outro objeto estudado pela sonda foi o asteroide 2014MU69, popularmente chamado de *Ultima Thule*.

O estudo da *New Horizons* consistia em caracterizar a morfologia e geologia de Plutão e de suas luas, além do mapeamento das superfícies e suas variações ao longo do tempo. Após sua atuação neste planeta, a sonda partiu em direção ao Cinturão de Kuiper, onde estudou o *Ultima Thule*, num sobrevoo de apenas 3500 km, em primeiro de janeiro de 2019. O objeto transnetuniano tem aproximadamente 32 km de comprimento e é composto por duas partes que, provavelmente, se fundiram após colidirem uma com a outra. O termo *Ultima Thule* tem origem no latim e significa "daqui em diante começa o desconhecido". Nele a NASA identificou uma mistura única de metanol, gelo de água e moléculas orgânicas na superfície. Essa missão tornou-se épica uma vez que o *Ultima Thule* é o objeto mais primitivo já sobrevoado. Ele apresenta características que podem esclarecer a ação que os objetos do Cinturão de Kuiper exercem sobre cometas que estão em suas trajetórias. Pode contribuir, também, para que se aproximem do núcleo do Sistema Solar, processo este que pode ter originado a vida em nosso planeta através de impactos com estes corpos.

## Sonda *Parker Solar Probe*

Lançada em 12 de agosto de 2018, a *Parker* é uma sonda espacial, desenvolvida pela NASA, com o objetivo principal de orbitar o Sol. Passando pela coroa solar irá determinar sua estrutura magnética e dinâmica, já que a temperatura da coroa solar é 300 vezes mais quente que a própria superfície do Sol. Outro objetivo consiste em entender os processos energéticos envolvidos no impulsionamento das partículas presentes na coroa solar.

Além destes questionamentos, o Sol é a estrela mais próxima de nós, e a única até o momento que pode ser estudada de perto. Entender o seu mecanismo de funcionamento por completo pode ampliar nosso entendimento sobre as demais estrelas do universo. O vento solar também é outro elemento de grande importância para o Sistema Solar, já que partículas ionizadas deslocam-se atingindo nosso planeta a velocidades superiores a 500 km/s (1,8 milhões de km/h). Portanto, variações no vento solar afetam consideravelmente o campo magnético terrestre. Tempestades solares podem inclusive alterar a órbita de satélites artificiais e inutilizar equipamentos eletrônicos, além de causar apagões elétricos no nosso planeta.

A *Parker Solar Probe* será o primeiro equipamento feito pelo homem a voar no interior da corona solar e, nesta longa viagem de sete anos, um dos grandes desafios seria o gasto de energia, que é muito maior que enviar à Marte, por exemplo. Isto porque ao "cair" em direção ao Sol (gravidade), precisamos perder velocidade, e não ganhar. Seria impossível utilizar de foguetes para frenar uma sonda nas velocidades alcançadas, por isso utilizaram uma trajetória onde a sonda passará sete vezes por Vênus, cuja órbita a desacelerará, para então atingir cerca de 5 milhões de quilômetros de distância do Sol, em 2025. Este tipo de auxílio, do qual já citamos anteriormente, chamado de "assistência gravitacional", geralmente é utilizado para aumentar a velocidade dos objetos. No caso da *Parker* essa assistência irá desacelerar a sonda. Nesta "queda" acelerada em direção ao Sol, a *Parker* se tornou o objeto mais rápido construído pelo homem, em abril deste ano (2019), ao ultrapassar a velocidade de 300.000 km/h. O recorde anterior pertencia à sonda Juno, com 250.000 km/h. Há previsões para que a *Parker* atinja 600.000 km/h.

Para não se fundir (derreter), a sonda utiliza um escudo à base de carbono, afastado a um metro do restante dos componentes. A sombra projetada pelo escudo, além de sensores de luz, que impedem que o restante da sonda fique exposta diretamente ao Sol, associados à um sistema de resfriamento que funciona como um radiador à base d'água, são o suficiente para a sonda suportar temperaturas altíssimas. A *Parker Solar Probe* homenageia o astrofísico Eugene Parker, que foi o primeiro cientista a apresentar a teoria do vento solar supersônico, em 1958.

## Outras sondas relevantes

Não poderíamos encerrar o assunto sem referenciarmos alguns programas também relevantes, citando algumas agências espaciais que não a Americana e Europeia, tanto pelo avanço de outras nações quanto pela importância na complementação de seus trabalhos.

A primeira missão interplanetária da Índia foi a Missão *Mars Orbiter*, mais conhecida como *Mangalyaan*, lançada em 2013 com destino a Marte. Além de elaborar tecnologias necessárias para missões interplanetárias, a sonda espacial atuará em pesquisas na superfície marciana no estudo da composição mineral e atmosférica. A Índia é a quarta nação a ter uma sonda espacial com sucesso em Marte, após o programa dos soviéticos, da NASA e da Agência Espacial Europeia.

Não poderíamos deixar de contextualizar também a sonda MRO (*Mars Reconnaissance Orbiter*) da NASA, lançada em 10 de agosto de 2005, com o objetivo de verificar evidências da existência de água no passado de Marte, e a *Mars Express*, da Agência Espacial Europeia, lançada em 02 de junho de 2003. A *Mars Express* tinha a bordo um *lander* (aterrissador), de nome *Beagle* 2, cujo objetivo era pesquisar por água em Marte, na superfície ou abaixo dela. Infelizmente o *Beagle* 2 fez sua aterrissagem mas apresentou uma falha na abertura de seus paineis solares, impossibilitando a alimentação de seu sistema e, consequentemente, a comunicação e operação do mesmo. Também para Marte, como citamos quando abordávamos sobre os desafios da astronomia para este século, teremos para 2020 a *Mars* 2020, da NASA e a *Exomars* 2020, europeia. Estas duas missões são consideradas promissoras por cientistas do mundo todo, pois aumentam muito as chances de detecção de evidências de que em algum momento Marte abrigou formas de vida.

Outro grande destaque foi a sonda *Rosetta*, da Agência Espacial Europeia. Foi a primeira sonda construída para orbitar e pousar em um cometa. Ela se dirigiu ao cometa 67P/Churyumov-Gerasimenko e seu módulo aterrissador foi um sucesso ao tocar o cometa em 12 de novembro de 2014.

Dentre a grande quantidade de informação explorada, um dos destaques identificados pela missão foi a presença de substâncias associadas à origem da vida, como o aminoácido glicina, fósforo, metilamina, etilamina, sulfeto de hidrogênio e cianeto de hidrogênio, identificados na cauda do cometa. O módulo aterrissador identificou também aglomerados de matéria orgânica.

Existem também sondas que exploraram corpos diferentes. Como exemplos temos a *Osiris-Rex*, da NASA, e a *Hayabusa* 2, da Agência Espacial Japonesa. Ambas com missões envolvendo asteroides. A sonda americana com coleta de material do asteroide *Bennu* e a japonesa do asteroide *Ryugu*. Os asteroides são objetos que trazem informações do Sistema Solar sem terem sofrido intempéries ou qualquer ação geológica, mantendo suas características primordiais, além de possuírem aminoácidos e compostos orgânicos, elementos fundamentais para a vida em nosso planeta. Estudar estes astros pode nos esclarecer como a vida se deu aqui.

Neste tópico abordamos algumas das várias sondas que fizeram, e estão a fazer, sucesso no escopo astronômico. A mensagem principal, que confirma nosso ávido anseio por descobrir os mistérios dos confins desse universo, foi passada. Desde as *Voyagers*, em direção ao meio intergaláctico, à *Parker*, ao centro do nosso Sistema Solar, de planetas a asteroides, não há um objeto sequer que deixe de nos despertar a curiosidade e o interesse. E esse é o grande passo para entendermos nossas origens, o lugar de onde viemos e para onde vamos. São as perguntas que movem a ciência e os pesquisadores. As missões acima são um resumo de todos os veículos não tripulados que já fizemos e, certamente, se quisermos avançar no entendimento dos objetos que nos rodeiam, enviaremos muitas outras com diferentes propostas.

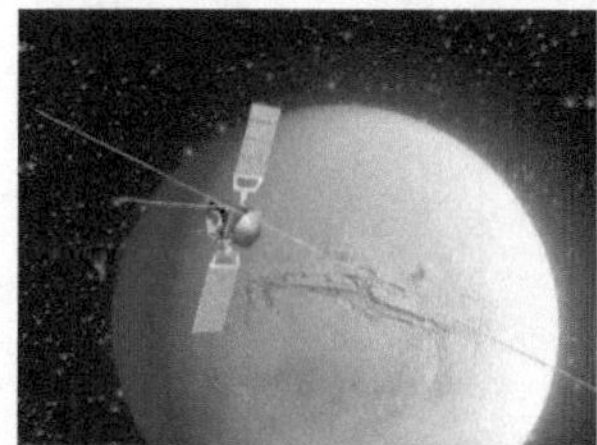

| Mars Express | Osiris-Rex | Rosetta |

"Meu objetivo é simples. É a compreensão completa
do universo, por que ele é assim e por que existe"

Stephen Hawking

# Século XXI

# Astronomia no Brasil

# Grandes Desafios para o Século XXI

Ainda no século XX, grandes descobertas científicas e tecnológicas revolucionaram a busca pelo entendimento do Universo. Remontando precisamente a 12 de abril de 1961, o soviético Yuri Gagarin se tornava o primeiro ser humano a ir para o espaço. O cosmonauta, à época com 27 anos, ficou 108 minutos em órbita a bordo da nave *Vostok 1*, que deu uma volta completa ao redor do nosso planeta. Sim, foi ele quem disse a famosa frase *"A terra é azul"*.

Cosmonauta Soviético Yuri Gagarin

Mas nem tudo foram flores: a nave não tinha condições para fazer uma aterrissagem segura e Yuri Gagarin teve de saltar de dentro dela para chegar ao solo com um paraquedas. De qualquer forma, esse feito corajoso mostrou à humanidade que era possível sim ir para o espaço e foi o pontapé definitivo para a corrida espacial. Pela primeira vez na história da humanidade foi possível abandonar a superfície da Terra e viajar ao espaço. Inicialmente isto foi realizado com satélites modestos que emitiam um fraco sinal de rádio, sendo sucedidos por sondas mais avançadas que nos mostraram como eram os outros mundos do Sistema Solar. Por fim, no que pode ser considerado como o evento do século, o ser humano deixou sua marca pisando pela primeira vez em outro mundo, através da conquista da Lua. Muita coisa aconteceu desde então: já temos, por exemplo, informações concretas sobre estrelas longínquas e já se conhecem milhares de exoplanetas*, coisa inimaginável anos atrás.

Já no início deste século XXI, nos apoderamos de grandes propostas, principalmente no que tange os telescópios, como o Kepler, o Gemini Sul e Norte, SOAR, E-ELT, VLT, GMT, Telescópio Espacial James Webb, Cassini,

Spitzer, sonda Juno, sonda TESS (Transiting Exoplanet Survey Satellite). Ao mesmo tempo somos arrostados com entendimentos desafiadores relacionados à energia e matéria escura, à física de partículas, astrobiologia, exoplanetas e as novas missões para Lua e Marte. Assim, a física, a astrofísica e a cosmologia continuam diante grandes perguntas neste século XXI, o que não é um problema, já que são estas lacunas que movem os cientistas rumo a novas descobertas.

## Viagens espaciais mais longas

Viver alguns anos no espaço é uma tarefa árdua para nosso corpo, pelo menos com a tecnologia que temos hoje. Além de problemas como a falta de gravidade, que o corpo humano teria dificuldade em se adaptar, o espaço apresenta um nível muito grande de radiação, como os raios cósmicos, que podem facilmente atravessar a nave e provocar doenças como câncer. A radiação normal do espaço é muito alta e prejudicial. Nós somos filhos deste planeta Terra, adaptados à esta gravidade, à esta atmosfera que atua como fonte de oxigênio e um poderoso filtro à vários tipos de raios.

Acredita-se que se o homem fosse para Marte, viagem que levaria cerca de seis meses, e lá se estabelecesse, poderia com o tempo apresentar vários problemas de saúde. Em Marte, sem um traje especial, um homem perderia a consciência em poucos segundos, pois a atmosfera de Marte não chega a 1% da atmosfera terrestre. Quanto à gravidade marciana ela equivale a pouco mais de um terço da terrestre, o que potencialmente afetaria a densidade óssea de uma pessoa. Assim, um dos maiores desafios para este século será tornar possível fazer viagens mais longas para que, quem sabe, o homem possa começar a pensar em colonizar outros planetas.

## Energia escura e Matéria escura

A Teoria do *Big Bang* ainda é o modelo que melhor responde ao que observamos no âmbito da cosmologia. Elabora por Georges Lemaître e amparada também pelos estudos do matemático russo Alexander Friedmann (1888-1925), a Teoria foi reforçada pela descoberta de Edwin Hubble, de que as galáxias estão se afastando umas das outras. O problema é que, depois de algum tempo após ao que identificam como uma semelhante explosão, a tendência é que a velocidade dos corpos vá diminuindo, desacelerando. Mas não é o que está acontecendo, pelo contrário, as galáxias estão se afastando cada vez mais rapidamente. Para que isso ocorresse, a explicação mais plausível para os cientistas é de que uma energia esteja atuando no universo, acelerando estes corpos. Essa energia estaria em todos os lugares, mas só teria efeito em distâncias astronomicamente grandes, como entre uma galáxia e outra.

Temos também a matéria escura, que traz em seu nome uma referência ao fato de também não emitir radiação em qualquer parte do espectro eletromagnético, portanto não é visível. Ela seria constituída por elementos que ainda não conhecemos e teria uma massa exercendo efeito gravitacional sobre outros corpos celestes.

A velocidade das estrelas de uma galáxia, corresponde à massa nela existente, ou seja, quanto maior a velocidade, mais massa deverá estar presente. Com a aplicação dos cálculos, percebe-se que a massa total da galáxia é cerca de 10 vezes superior à massa do que conseguimos observar nas diferentes regiões do espectro eletromagnético, desde o rádio até aos raios X.

O que poderia explicar essa diferença seria a existência de uma massa, invisível para nós, que estivesse influenciando essa atividade. As evidências apontam que o universo visível, ou seja, tudo o que é feito de átomos (matéria bariônica), representa apenas 4% da densidade total do universo. O restante seria constituído de algo que nunca conseguimos medir diretamente: matéria escura (26%) e energia escura (70%). Possuímos somente evidências cinemáticas da existência delas, e ao que tudo indica, as matérias luminosa e escura interagem através das forças gravitacionais.

A conexão entre estes componentes ainda continua sem explicação, e este entendimento nos ajudará a compreender a estrutura fundamental do universo, nos permitindo descobrir como será a evolução cosmológica. Certamente levaremos um bom tempo para progredirmos nesse sentido.


## Origens dos neutrinos

Neutrinos são partículas subatômicas quase sem massa e que não possuem carga elétrica, portanto raramente interagem com o ambiente. O Sol é um grande gerador de neutrinos, mas há uma fração que possui alta energia e tem origem no espaço profundo. Recentemente a equipe de astrônomos do IceCube Neutrino Observatory, identificaram a origem de um neutrino de alta energia. Telescópios apontados para a direção de onde ele veio identificaram um blazar (uma enorme galáxia elíptica com um buraco negro supermassivo em seu centro). A interação dos neutrinos com a matéria é muito fraca, dificultando sua detecção. O êxito da equipe que atua no IceCube em detectar a origem deste neutrino extragaláctico é o início de uma longa jornada para prospectar informações sobre as origens e o futuro do nosso universo. Como os neutrinos andam juntos com raios cósmicos (partículas altamente energéticas), os blazars foram considerados como aceleradores de alguns tipos de raios também.

## Vida extraterrestre

A abordagem do cinema em relação à vida extraterrestre despertou a imaginação humana para possibilidade de contatos com alienígenas inteligentes e com tecnologias avançadíssimas. Não é incomum nos ambientes escolares observarmos diálogos sobre vida extraterrestre com menção a discos-voadores ou uso algo semelhante. Porém, a busca de vida extraterrestre se dá em nível microscópico também, e particularmente da forma como a conhecemos. A princípio, desconhecemos a presença de vida como a conhecemos aqui no Sistema Solar, salvo na Terra, o que já é difícil de pesquisar. Buscar por formas de vida com base em outros elementos que não o carbono, seria ainda mais adverso.

Correndo junto com a pesquisa de vida fora da Terra, a pesquisa de planetas fora do Sistema Solar também era evidenciada, uma vez que a descoberta de planetas nas zonas habitáveis de suas estrelas poderiam ser fontes promissoras para o desenvolvimento de alguma forma de vida.

Um dos instrumentos mais promissores para a descoberta de exoplanetas foi o telescópio Kepler. Este telescópio com um espelho de 1,4 metros de diâmetro tinha como objetivo a descoberta de exoplanetas através do método de trânsito, que é quando um planeta passa à frente de uma estrela observada, diminuindo o brilho da estrela. Os planetas fora do nosso Sistema Solar apresentariam um ângulo extremamente pequeno visto daqui, além de serem ofuscados pela luminosidade de sua estrela, impossibilitando sua detecção pelo método visível mesmo que utilizando dos maiores telescópios existentes. Com esta técnica, outros dados do sistema planetário também eram averiguados, como o tamanho da órbita do planeta (observando-se quanto tempo para a mesma diminuição do brilho levava para ocorrer na mesma posição), a temperatura da estrela, através do cálculo envolvendo sua luminosidade, distância e diâmetro, e consequentemente a temperatura do planeta.

Utilizando de um fotômetro (medidor de luz), um instrumento desta precisão deve estar no espaço, para não sofrer perturbações atmosféricas na luz recebida e das interrupções causadas pelas variações do dia-noite. Desta forma o Kepler desempenhou bem a sua função. Encerrando sua atividade em outubro de 2018, após quase 10 anos de missão e por falta de energia, descobriu milhares de exoplanetas, com Júpiteres quentes, super-terras, planetas

Telescópio Espacial Kepler

circum-binários (planetas que orbitam duas estrelas ao invés de uma) além de planetas localizados nas zonas habitáveis de suas estrelas hospedeiras. Há 25 anos não possuíamos tecnologia para identificar um único planeta fora do Sistema Solar, e este progresso se deu graças ao avanço tecnológico. Um estudo publicado no *The Astronomical Journal* em agosto de 2019, baseado nas informações do Kepler, concluiu que a Via Láctea possui 10 bilhões de planetas com o tamanho semelhante ao da Terra. Atualmente a sonda TESS (Transiting Exoplanet Survey Satellite) lançada em abril de 2018 está com a missão de substituir o Kepler, varrendo nossos céus em busca de novos exoplanetas. Até a edição desta obra, uma ano e meio após o lançamento da TESS, o site da missão trazia uma lista de 29 exoplanetas confirmados.

Realmente parece que encontrar planetas com a tecnologia atual ficou fácil, mesmo os semelhantes ao nosso planeta, mas ainda nos falta descobrir vida fora da Terra. E a busca agora mira planetas com presença de água e oxigênio, considerados primordiais para que haja vida, e isso deve ocorrer nos próximos anos. Um dos objetivos do GMT (Grande Telescópio de Magalhães) é identificar a presença de água e oxigênio nos exoplanetas. Ao que tudo indica nosso planeta se formou há 4,6 bilhões de anos, muito tempo depois do *Big Bang*. Antes de a Terra existir, bilhões e bilhões de planetas já estavam neste universo, porém ainda carecemos de tecnologia para detectarmos biossinais. Ainda neste ano de 2019 a NASA publicou a primeira detecção de vapor d'água num exoplaneta, o K2-18b, descoberto em 2015 pelo Kepler.

Outros programas para a busca de vida estão projetados para os próximos anos. Um destes programas é a Missão Clipper da NASA, programada para ser lançada em 2023 (podendo prorrogar até 2025) rumo a um satélite natural de Júpiter chamado Europa. Este satélite é uma das quatro luas descobertas por Galileu Galilei em 1610 com uma luneta. Há sinais de que abaixo de sua crosta de gelo existe um oceano de água salgada onde a Missão Clipper tem o objetivo de buscar sinais de vida bem como estudar a geologia de Europa.

Temos ainda também dois programas em andamento, sendo um da Agência Espacial Europeia, o *Exomars* (*Exobiology on Mars*), e o *Mars 2020* da NASA. Ambos operarão na pesquisa de traços biológicos em Marte.

O *Exomars* foi lançado em 2016, num projeto em conjunto com a *Roscosmos* (Rússia), consistindo numa parte denominada de *Trace Gas Orbiter* (TGO) e no módulo *Schiaparelli*, tendo este último colidido contra o solo num erro de cálculo da altitude durante o pouso. Ainda neste projeto, teremos o lançamento do *rover* Rosalind Franklin, uma homenagem à cientista por trás da descoberta da estrutura do DNA. Programado para ser lançado em 2020, o *rover* operará na superfície do planeta vermelho na busca por biomoléculas e bioassinaturas. Esta missão tem como objetivo principal entender melhor a presença de metano e outros gases atmosféricos presentes em pequenas concentrações, que podem sinalizar uma possível atividade biológica ou geológica. Investigações pregressas mostram uma variação das quantidades de metano na atmosfera marciana. Como as atividades geológicas responsáveis pela geração de metano tem curto período, há uma indicação de que esta presença variável seja atribuída à uma fonte atual e ativa de metano. Resta averiguar se a natureza desta fonte é biológica ou química. No planeta Terra os organismos liberam metano ao sintetizarem nutrientes.

No programa norte-americano (*Mars 2020*), também teremos como objetivo pesquisar a existência de vida microbiana, que pode ter ocorrido num passado geológico do planeta e sido extinta pelas mudanças que ocorreram em Marte há bilhões de anos. Estas formas de vida, caso tenham existido, provavelmente deixaram sinais em depósitos sedimentares. Missões anteriores, como os *rovers Spirit, Oportunity e Curiosity*, deixaram evidências da ação da água em Marte, onde num passado geológico parece ter sido abundante naquele planeta. Assim, a *Mars 2020* seguirá estas evidências para buscar possíveis sinais de vida. A missão também conta com objetivos secundários como a caracterização do clima, do detalhamento geológico do planeta e de uma preparação para uma futura ida do homem à Marte.

Portanto, percebemos como grandes desafios ainda para este século, no âmbito da astronomia, a descoberta de vida fora da Terra e o que são a Matéria e Energia escura.

# Astronomia no Brasil
## (breve histórico)

Segundo João Steiner[61], a astronomia brasileira, enquanto ciência institucionalizada e produtiva, é uma atividade recente. Ela se desenvolveu a partir da implantação da pós-graduação, no início da década de 1970. Apesar disso, houve iniciativas muito anteriores; o primeiro observatório astronômico instalado no Brasil, na verdade o primeiro no hemisfério sul, foi construído em 1639 no palácio Friburgo, Recife, pelos holandeses. Mais tarde, em 1730, os jesuítas instalaram um observatório no Morro do Castelo, na cidade do Rio de Janeiro.

### Primeiros observatórios

Alguns anos após a declaração da independência, em 15 de outubro de 1827, foi assinado por D. Pedro I o ato de criação do Imperial Observatório do Rio de Janeiro que, com a proclamação da República, passou a ser denominado Observatório Nacional, uma das mais antigas instituições científicas brasileiras. No seu primeiro século de existência, o Observatório Nacional organizou e participou de diversas expedições científicas de astronomia, sendo a mais famosa a que confirmou a teoria da relatividade em Sobral (CE), em 1919, comandada por uma equipe inglesa.

No início do século XX constroem-se observatórios em Porto Alegre e São Paulo, mas somente nas décadas de 1960 e de 1970, com a construção de um telescópio com espelho primário de 60 centímetros de diâmetro no Instituto Tecnológico de Aeronáutica (ITA), em São José dos Campos (SP), e a instalação de telescópios de 50-60 cm em Belo Horizonte (MG), Porto Alegre

---

61 João Evangelista Steiner: astrofísico brasileiro; professor titular do Instituto de Astronomia, Geofísica e Ciências Atmosféricas da USP - Universidade de São Paulo.

(RS) e Valinhos (SP), começaram realmente as pesquisas em astrofísica no país. Nessa época, chegaram os três primeiros doutores em astronomia, formados no exterior, que participaram da instalação dos programas de pós-graduação no país.

Paralelamente se inicia a construção do Observatório do Pico dos Dias (OPD), no qual foi inaugurado em 1981 um telescópio de 1,60 m, cuja operação ficou na responsabilidade do Laboratório Nacional de Astrofísica (LNA), criado em 1985. Esse foi, de fato, o primeiro laboratório nacional efetivamente criado no Brasil. A operação desse laboratório nacional procurou seguir as melhores práticas internacionais na gestão e utilização dos seus equipamentos. Com isso, a comunidade astronômica se desenvolveu e pode dar um passo além, com a entrada no Consórcio Gemini, em 1993, e formando o Consórcio Soar, em 1998.

Em 1969 começam a voltar os primeiros brasileiros, doutores em astronomia, que haviam estudado na França, e a formação dos primeiros doutores aqui mesmo. Em 1973 o Rádio Telescópio de Itapetinga, do Centro de radioastronomia do Mackenzie inicia a operação, e desde 1981 com a operação

Projeto arquitetôncio do ITA - arquivo ITA

do telescópio de 1,6 metros de diâmetro (espelho) pelo Conselho Nacional de Pesquisas (CNPq), atual Conselho Nacional de Desenvolvimento Científico e Tecnológico, a astrofísica se desenvolveu a passos largos. Nos últimos 30 anos o número de doutores em astronomia no Brasil cresceu de 2 para 350. No ano de 1974 foi instalado o radiotelescópio para ondas milimétricas com diâmetro de 13,4 metros, em Atibaia (SP).

Nesse radiotelescópio foram feitas as principais pesquisas em radioastronomia no Brasil até hoje. Mais tarde, foi instalado o telescópio solar submilimétrico, em El Leoncito, Argentina, ao passo que o Instituto Nacional de Pesquisas Espaciais (Inpe) está instalando uma rede interferométrica (BDA, na sigla em inglês para *Brazilian Decimetric Array*) para estudar, principalmente, o Sol.

## Cursos de extensão

Um dos pontos importantes para o fomento e crescimento da astronomia no Brasil foi a criação dos cursos de aprofundamento oferecidos aos graduados na área (astrofísicos) ou áreas afins (físicos, etc), ou seja, cursos de mestrados e doutorados. Esta implantação se deu no início dos anos 70, primeiramente no Instituto Tecnológico da Aeronáutica (ITA), no Instituto de Astronomia, Geofísica e Ciências Atmosféricas (IAG) da USP (Universidade de São Paulo) e na Universidade Mackenzie. Posteriormente, começou a pós-graduação nas universidades Federal do Rio Grande do Sul (UFRGS) e de Minas Gerais (UFMG), sendo o programa do Mackenzie transferido para o Observatório Nacional. E o crescimento se deu de forma exponencial: em 1970 havia no Brasil apenas três doutores esta área, e no espaço de tempo de apenas onze anos este número subiu para 41. Atualmente nosso país conta com mais de 250 doutores e 60 pós-doutores astrofísicos trabalhando em mais de 40 instituições. Estes profissionais não se encontram linearmente distribuídos, sendo que poucas instituições detém a maioria destes profissionais e um volume grande de escolas contando com apenas um ou dois especialistas na área.

Nos dias atuais anualmente são formados no Brasil quase uma centena de mestres e doutores, oriundos de um total de 12 programas de doutorado e 17 de mestrado. No passado, os cursos de graduação em astronomia não tiveram muita ênfase no Brasil. Os candidatos à pós-graduação eram, quase sempre, formados em bacharelado de física. Apenas a UFRJ ofereceu o curso de graduação nos últimos 50 anos. Na USP existe, já há cerca de duas décadas, a opção de habilitação em astronomia no bacharelado de física.

Observatório Frei
Rosário - UFMG

Observatório UFRGS

Observatório Valongo UFRJ

# Pesquisa e produção científica

A produção de trabalhos científicos no Brasil, na área de astronomia, apresentou um grande desenvolvimento com o início dos cursos de pós-graduação. Segundo o professor Doutor João Steiner, astrofísico da Universidade de São Paulo (USP):

*"No ano de 1965, ela praticamente não existia, pois não há registro de trabalho científico publicado em revista indexada. Em 1970 já houve oito artigos publicados. Nos 30 anos seguintes (1970-2000) a taxa média de crescimento anual dos artigos publicados foi de 11,4%. Esse crescimento extraordinário se deve a diversos fatores, entre os quais:*

*a) retorno de doutores formados no exterior;*
*b) início da pós-graduação no Brasil;*
*c) contratação de profissionais por universidades e institutos federais de pesquisa;*
*d) instalação da antena de radioastronomia de Atibaia (SP) e do telescópio de 1,60 m de diâmetro do OPD;*
*e) o uso sistemático da internet, a partir da década de 1990, deu aos pesquisadores brasileiros, antes isolados pelas grandes distâncias, capacidade muito maior de articulação e formação de networking nacional e internacional.*

*Já no período entre 2000-2008, essa taxa foi bem menor: 0,8%. Isso também se deve a diversos fatores:*

*- o número de contratações de professores e pesquisadores nesse período foi muito pequeno;*
*- o quadro, estagnado, passou a envelhecer;*
*- a antena de Atibaia deixou de ser competitiva;*
*- os telescópios do OPD, apesar de produtivos, eram competitivos apenas na área estelar, uma vez que novos e modernos telescópios, instalados em sítios muito superiores, passaram a dar apoio muito mais efetivo à astronomia extragaláctica;*
*- muitos estudantes deixaram de procurar a área da astronomia por falta de perspectiva profissional.*

*Mas esse quadro está mudando".*

Muitos indicadores mostram que a astronomia em nosso país voltou a ter um crescimento dinâmico nas últimas décadas. Dentre os fatores responsáveis por essa mudança podemos citar:

1) a entrada do Brasil nos consórcios GEMINI e SOAR, já mencionados anteriormente, que começam a produzir resultados em ritmo crescente;
2) novos estudantes estão sendo atraídos para a área em número e qualidade crescentes;
3) a ocorrência de novas contratações de profissionais, principalmente em universidades;
4) novos grupos de pesquisa se formam em universidades nas quais não havia astrônomos até recentemente, inclusive universidades privadas.

Além disso, a descoberta da matéria escura tem motivado um grande número de trabalhos na área de cosmologia teórica, hoje, já a segunda área mais produtiva. E, por fim, outras áreas novas de pesquisa como a física de asteroides e exoplanetas têm mostrado produção significativa. Ainda segundo Steiner, os maiores grupos de pesquisa em astronomia estão concentrados na USP e nas universidades federais - como UFRGS, UFRJ e UFRN - assim como nos institutos do Ministério de Ciência e Tecnologia (MCT), Observatório Nacional e INPE. Todos eles mantêm programas de pós-graduação em nível de mestrado e doutorado. No entanto, outros grupos menores também participam de programas de pós-graduação, quase sempre em conjunto com os programas de física. As principais áreas de pesquisa são astronomia estelar (óptica e infravermelha), cosmologia teórica, e astronomia extragaláctica. Algumas áreas tiveram desenvolvimento bastante recentemente como a física de asteroides e exoplanetas. Essa última se desenvolveu graças à participação do Brasil no satélite COROT.

Vista parcial da Cidade Universitária USP (foto: Hector Carvalho)

## Observatórios virtuais

O objetivo da ciência da astronomia é fazer pesquisa básica, mas ela pode ser realizada promovendo o desenvolvimento de instrumentação de ponta. Dessa forma se incentiva a cultura da inovação tecnológica. Isso se dá pelo treinamento de cientistas e técnicos em tecnologias emergentes, necessárias para a pesquisa astronômica de ponta. A participação brasileira nos telescópios GEMINI e SOAR viabilizou, pela primeira vez, a construção efetiva de instrumentos modernos para grandes telescópios. O século XXI se iniciou com uma verdadeira explosão de dados científicos em forma digital que está produzindo uma revolução na astronomia. Devido a vários empreendimentos de grande porte, uma imensa quantidade de dados digitais de excelente qualidade, obtidos tanto do solo quanto do espaço, ficaram disponíveis. E isso é só o começo.

O acesso e a manipulação do volume dos dados já armazenados desde as últimas duas décadas, pelo menos, tornou-se um desafio para os pesquisadores que precisam analisar seus próprios dados experimentais e/ou buscar outros em arquivos e bancos de dados espalhados na rede. Se, por um lado, os contínuos desenvolvimentos de *hardware*, têm permitido, a custos relativamente modestos, a aquisição, o processamento e armazenamento de centenas de *terabytes* de dados, os sistemas de software necessários para a manipulação desses dados ainda deixam muito a desejar. Esse é um problema reconhecido por todas as comunidades científicas e vários projetos de grande porte foram iniciados no sentido de encontrar soluções. No âmbito da comunidade astronômica, o nome genérico dessa solução é o Observatório Virtual (VO, do acrônimo em inglês). Numa primeira aproximação um VO é um sistema, acessado pela internet, que provê ampla conexão entre dados arquivados e também ferramentas de extração e garimpagem de dados e, de maneira geral, de redução de complexidade. Atualmente, esse projeto encontra-se em franco desenvolvimento, sendo coordenado internacionalmente pela Aliança Internacional do Observatório Virtual (IVOA, na sigla em inglês). O Brasil tornou-se membro do IVOA através da rede Bravo (Observatório Virtual Brasileiro) em 2009.

(Cienc. Cult., vol.61, no.4, São Paulo,2009 – João E. Steiner)

## Astronomia no Brasil na atualidade

O investimento em ciência e tecnologia no Brasil ainda não está no patamar ideal. Desde 2014 o setor vem sofrendo cortes em seu orçamento, após um breve período de crescimento. E desde que o Ministério de Ciência, Tecnologia e Inovação se juntou ao das Comunicações, sem aumento no orçamento, a briga para conseguir financiar pesquisas e outros projetos no país tem sido cada vez mais árdua. Em um cenário não otimista para a ciência brasileira, a XLI Reunião da Sociedade Astronômica Brasileira (SAB), que promoveu uma série de encontros recentemente para apresentar o que há de novo na pesquisa em astronomia no Brasil e no mundo, trouxe uma ponta de esperança. Dentre os assuntos discutidos foram ressaltados os estudos realizados por equipes de astronomia do Brasil bem como do mundo todo. Um dos destaques foi a fundação de uma possível parceria mundial para que seja tratado sobre a existência de vida fora de nosso planeta.

Mesmo com a limitação financeira destinada às equipes de pesquisas na área da astronomia, o volume de artigos científicos publicados no Brasil tem crescido muito nos últimos anos. No que tange especificamente à astronomia este número, entre os anos de 2000 e 2009, era de aproximadamente 4000 artigos. No período entre 2010 e 2017 saltou para mais de 5300 artigos publicados. Segundo o astrofísico Thiago Signorini Gonçalves, da UFRJ – Universidade Federal do Rio de Janeiro, *esse crescimento só aconteceu por causa dos investimentos que fizemos na última década*. Um dos quesitos para avaliação da qualidade da pesquisa em um país é o número de citações que esses artigos recebem em outras pesquisas. Neste ponto o Brasil se encontra ainda muito atrás de países como os Estados Unidos e de muitos países da Europa. *"Isso não é só uma questão da qualidade da pesquisa que é realizada aqui, também é uma questão de visibilidade. O Brasil precisa de parcerias com outros países, pois não adianta só os brasileiros lerem as pesquisas que são realizadas aqui"*, defende o astrofísico.

Uma questão que vem sendo amplamente discutida ultimamente é sobre a internacionalização da astronomia brasileira. Em um de seus eventos, a fundação da Sociedade Brasileira de Astrobiologia, associação de pesquisadores para estudo da vida dentro e fora da Terra, um dos temas mais pesquisados no mundo em astronomia nos últimos anos, foi um indicativo de que o Brasil está caminhando progressivamente.

## Telescópio internacional

Um outro ponto também em discussão foi a construção do telescópio BINGO. Este será construído pelo Brasil em parceria com Reino Unido, Suíça e Uruguai para estudar a energia escura, esta que permeia mais de 70% do universo. Do custo aproximado do projeto, 13 milhões de reais, nosso país irá arcar com a cifra equivalente a quase 80% deste valor, através da FAPESP - Fundação de Amparo à Pesquisa do Estado de São Paulo. De acordo com o pesquisador Carlos Alexandre Wuensche, do Instituto Nacional de Pesquisas Espaciais (INPE), a ideia inicial era que o BINGO fosse construído no Uruguai, mas por questões técnicas este telescópio ficará situado no Brasil, na Paraíba. *"O fato de construí-lo aqui permite envolver com mais eficácia as empresas brasileiras e reduz o custo do projeto"*, acrescentou Carlos. Ainda segundo o pesquisador, *"o BINGO foi concebido para ter uma estrutura e manutenção bastante simples, sem partes móveis e sem partes que necessitem resfriamento"*.

**Concepção artística do Radiotelescópio BINGO**

## Alta tecnologia

O Brasil também irá participar da construção de dois instrumentos de alta tecnologia para o telescópio japonês Subaru, localizado no Havaí. Com previsão de conclusão em 2020, esse projeto prevê a participação de nosso país em duas frentes: na construção de uma câmera (de alta resolução) a qual será acoplada ao telescópio e no desenvolvimento de um espectrógrafo, utilizado no estudo dos espectros luminosos. A estimativa de custo global deste projeto é da ordem de 400 milhões de reais. Segundo o pesquisador holandês Roderik Overzier, do Observatório Nacional (Rio de Janeiro), que está envolvido na iniciativa, *"o Brasil colaborou principalmente com o alojamento*

**Telescópio japonês Subaru, situado no Havaí**

*de pesquisadores e outros custos relacionados às equipes que estão trabalhando no projeto. A maior parte do financiamento, no entanto, foi feita pelo Japão".* Sem dúvida, é um grande avanço mostrar que a tecnologia brasileira está à altura de poder fabricar equipamentos de alta tecnologia e não precisar importar de outros países.

Deste modo, fica claro que a ciência no Brasil se encontra em franca ascensão. Os recursos financeiros destinados à área de pesquisa não se encontram ainda em patamares confortáveis ou ao nível dos países mais desenvolvidos na astronomia. Este é, sem dúvida, o principal empecilho para um maior crescimento nas áreas científica e de pesquisa em nosso país, já que o entrave não é devido à falta de capacidade ou à ausência de pesquisadores qualificados. Com a falta, ou insuficiência, de recursos financeiros para bolsas de pesquisa, muitos pesquisadores e cientistas brasileiros buscam morar e atuar em outros países onde o cenário seja mais favorável.

**Acesso ao Instituto Nacional de Pesquisas Espaciais, o Inpe, localizado em São José dos Campos (SP). Foto: Eduardo Pegurier.**

**SAC-D Aquarius, satélite argentino que leva instrumento da NASA, foi testado no LIT-INPE em 2010**

# Alguns centros de astronomia do Brasil

| Centro | Constituição (aproximada) |
| --- | --- |
| Instituto Astronômico e Geofísico da USP | 55 doutores, e 65 estudantes de pós-graduação. |
| Observatório Nacional no Rio de Janeiro | 32 doutores e 31 estudantes de pós-graduação. |
| Departamento de Astronomia da UFRGS | 10 doutores e 13 estudantes de pós-graduação. |
| Departamento de Astronomia INPE (São José dos Campos, SP) | 28 doutores e 20 estudantes de pós-graduação. |
| UFRJ (Instituto de Física e Observatório do Valongo) | 20 doutores e 18 estudantes de pós-graduação. |
| Universidade Federal do Rio Grande do Norte | 9 doutores e 19 estudantes de pós-graduação. |
| USP (campus capital) | 13 doutores e 11 estudantes de pós-graduação. |
| UFMG (campus BH) | 6 doutores e 5 estudantes de pós-graduação. |
| UNIFEI - Universidade Federal de Itajubá (MG) | 3 doutores e 12 estudantes de pós-graduação; em colaboração com o LNA (13 doutores). |
| UNIVAP - Universidade do Vale do Paraíba | 9 doutores e 4 estudantes de pós-graduação. |
| UFSC - Universidade Federal de Santa Catarina | 5 doutores e 5 estudantes de pós-graduação. |
| UFSM - Universidade Federal de Santa Maria (RS) | 3 doutores e 4 estudantes de pós-graduação. |
| UESC – Universidade Estadual de Santa Catarina | 9 doutores. |

→ Existem grupos na Universidade de Campinas, Universidade Estadual de Maringá, Universidade Estadual de Feira de Santana, Universidade Federal do Mato Grosso, dentre outros.

# Observatórios Astronômicos do Brasil
## (públicos e privados – lista parcial)

| ESTADO | CIDADE |
| --- | --- |
| **Acre** | |
| Observatório e Planetário do Acre | Rio Branco |
| Observatório Genival Leite Lima | Maceió |
| Observatório Fomalhaut | Maceió |
| **Amapá** | |
| Observatório e Planetário Maywaka | Macapá |
| **Amazonas** | |
| Observatório UFAM | Manaus |
| **Bahia** | |
| Observatório Antares – UEFS | Feira de Santana |
| Observatório Betelgeuse | Cachoeira |
| Observatório UESC | Ilhéus |
| Observatório Austral | Feira de Santana |
| **Ceará** | |
| Observatório Colégio Christus | Fortaleza |
| Observatório Herschel – Einstein | Fortaleza |
| Observatório Otto de Alencar – UECE | Fortaleza |
| Observatório 7 de setembro | Fortaleza |
| Observatório Canopus | Jijoca de Jericoacoara |
| Observatório Henrique Morize | Sobral |
| Planetário Rubens de Oliveira | Fortaleza |
| Rádio-Observatório Espacial do Nordeste – INPE | Eusébio |
| **Distrito Federal** | |
| Observatório UnB – Universidade de Brasília | Brasília |
| **Espírito Santo** | |
| Observatório Aristarco de Samos | Cariacica |
| Observatório Camille Flammarion | Vitória |

| | |
|---|---|
| Observatório Carl Sagan | Aracruz |
| Observatório UFES | Vitória |
| **Goiás** | |
| Planetário da UFG | Goiânia |
| **Maranhão** | |
| Observatório UEMA | São Luís |
| **Mato Grosso** | |
| Observatório Cuiabá | Cuiabá |
| Observatório UFMT | Cuiabá |
| **Mato Grosso do Sul** | |
| Observatório UFMS | Campo Grande |
| **Minas Gerais** | |
| Observatório Alfacentauro | Varginha |
| Observatório Alterosas | Ouro Fino |
| Observatório Áries | Poços de Caldas |
| Observatório Centauro | Cambuquira |
| Observatório Colégio Nossa Sra. de Nazaré | Conselheiro Lafaiete |
| Observatório Colégio Santa Doroteia | Belo Horizonte |
| Observatório Copérnico | São João Nepomuceno |
| Observatório Dumont | Patos de Minas |
| Observatório Escola de Minas – UFOP | Ouro Preto |
| Observatório Lunar Vaz Tolentino – VTOL | Belo Horizonte |
| Observatório Monoceros | Além Paraíba |
| Observatório Museu de História Natural e Jardim Botânico da UFMG | Belo Horizonte |
| Observatório Nazaré | Conselheiro Lafaiete |
| Observatório Oswaldo Nery | Belo Horizonte |
| Observatório Perau | São Francisco de Paula |
| Observatório Phoenix | Cláudio |
| Observatório Pico dos Dias – LNA | Brasópolis |
| Observatório Poços de Caldas | Poços de Caldas |
| Observatório Serra da Piedade – UFMG | Caeté |
| Observatório SONEAR | Oliveira |
| Observatório Uberlândia | Uberlândia |
| Observatório Universidade de Itaúna | Itaúna |
| Observatório Vale do Aço | Ipatinga |

| | |
|---|---|
| Observatório Zênite | Monte Carmelo |
| **Pará** | |
| Centro de Ciências e Planetário do Pará | Belém |
| Planetário do Pará | Belém |
| **Paraíba** | |
| Observatório César | João Pessoa |
| Planetário FUNESC | João Pessoa |
| **Paraná** | |
| Observatório Bagozi | Curitiba |
| Observatório Campus Uvaranas | Ponta Grossa |
| Observatório Manoel Machuca – UEPG | Ponta Grossa |
| Observatório Nicolau Copérnico | Curitiba |
| Observatório Parque Tecnológico Itaipu | Foz do Iguaçu |
| Observatório Polo Astronômico do PTI | Foz do Iguaçu |
| Observatório Prof. Dr. Leonel Moro | Campo Magro |
| **Pernambuco** | |
| Observatório Alto da Sé | Olinda |
| Observatório Amateur – ORI | Olinda |
| Observatório Colégio São Luís | Recife |
| Observatório Liais | Arco Verde |
| Observatório MacGrave | Recife |
| Observatório Sé | Olinda |
| Observatório Torre Malakoff | Recife |
| Planetário Mauro Souza Lima | Guaranhuns |
| **Piauí** | |
| Observatório e Planetário UFPI | Teresina |
| **Rio Grande do Norte** | |
| Planetário de Parnamirim | Parnamirim |
| **Rio Grande do Sul** | |
| Observatório Canopus | Porto Alegre |
| Observatório Capitão Parobé | Porto Alegre |
| Observatório Cruzeiro do Sul | Porto Alegre |
| Observatório Didático Capitão Parobé CMPA | Porto Alegre |
| Observatório Morro de Santana - UFGRS | Porto Alegre |
| Observatório Ouro Preto | Porto Alegre |

| | |
|---|---|
| Observatório Pelotas do Norte | Pelotas |
| Observatório PUCRS | Porto Alegre |
| Observatório Raquel M. R. Bandeira de Mello | Santa Maria |
| Observatório UFGRS | Porto Alegre |
| **Rio de Janeiro** | |
| Observatório Giordano Bruno | Rio de Janeiro |
| Observatório Jiri Vlcek | Campos dos Goytacases |
| Observatório Magnético Vassouras | Vassouras |
| Observatório Metropolitano do Rio de Janeiro | São Gonçalo |
| Observatório Nacional | Rio de Janeiro |
| Observatório Piedade | Rio de Janeiro |
| Observatório Valongo - UFRJ | Rio de Janeiro |
| Planetário Marcos Pontes | Duque de Caxias |
| **Rondônia** | |
| Observatório UFRO | Porto Velho |
| **Roraima** | |
| Observatório UFRR | Boa Vista |
| **Santa Catarina** | |
| Observatório Municipal Domingos Forlin | Videira |
| Observatório Tadeu Cristóvam Mikowski | Brusque |
| **São Paulo** | |
| Observatório Abrahão de Moraes – USP | Valinhos |
| Observatório Albert Einstein | Presidente Prudente |
| Observatório Albert Einstein | São Paulo |
| Observatório Astronomia UNIVAP | São José dos Campos |
| Observatório Centro Divulgação Científica | São Carlos |
| Observatório Centro Integrado de Ciência Cultura | São José do Rio Preto |
| Observatório Centro Técnico Aeroespacial | São José dos Campos |
| Observatório Céu Austral | São Paulo |
| Observatório CIENTEC – USP | São Paulo |
| Observatório Colégio Integrado | Itatiba |
| Observatório Colégio Magno | São Paulo |
| Observatório Colégio Progressão | Taubaté |
| Observatório Didático de Astronomia "Lionel José Andriatto" | Bauru |

| | |
|---|---|
| Observatório Edmond Halley | Campinas |
| Observatório Educandário Pestalozzi | Franca |
| Observatório Fundação Céu | Campos Elíseos |
| Observatório Herschel - OAH | Santos |
| Observatório IAG | São Paulo |
| Observatório ITA | São José dos Campos |
| Observatório Kepler | São Paulo |
| Observatório Liceu Albert Sabin | Ribeirão Preto |
| Observatório-Mini do INPE | São José dos Campos |
| Observatório Morro Azul | Limeira |
| Observatório Municipal Americana | Americana |
| Observatório Municipal Amparo | Amparo |
| Observatório Municipal Anwar Damha | Presidente Prudente |
| Observatório Municipal Astronomia de Franca | Franca |
| Observatório Municipal Jean Nicolini | Campinas |
| Observatório Municipal Diadema | Diadema |
| Observatório Orion | Mairinque |
| Observatório Piracicaba | Piracicaba |
| Observatório Prof. Mário Schenberg - Unesp | Ilha Solteira |
| Observatório Propus | Suzano |
| Observatório Regulus | Barretos |
| Observatório São Carlos – USP/SC | São Carlos |
| Observatório São Paulo - Parque de Ciência e Tecnologia da USP | São Paulo |
| Observatório Sagitário | Americana |
| Observatório Solar Bernard Lyot | Campinas |
| Observatório Solar de Monte Mor | Monte Mor |
| Rádio Observatório GEM - INPE | Cachoeira Paulista |
| Rádio-observatório Itapetinga | Atibaia |
| **Sergipe** | |
| Planetário da CCTECA | Aracaju |
| **Tocantins** | |
| Observatório UFT | Palmas |

# Missões Espaciais

## Missões para o Sol

Programa *Helius* (1974 – 1985)

Sonda Ulysses (1994 – 2008)

Sonda SOHO (1995)

Sonda Gênesis (2001 – 2004)

Sonda Ulysses (1994 – 2008)

Sonda Hinode (2006)

Sonda Stereo (2006)

Sonda IBEX (2008)

Sonda Observatório Dinâmica Solar (2010)

Sonda Solar Parker (2018)

## Missões para Mercúrio

Programa Mariner 10

Sonda Messenger

## Missões para Vênus

Sondas Venera (1 a 16)

Sondas Venera 2MV – 1 e 2

Sondas Venera 1964 A e B

Sondas Venera 1965 A

Sondas Pioneer Vênus 1 e 2

Sondas Magellan

Satélite Vênus In-Situ Explorer

Zond 1

Mariner (1 a 10)

Vênus express

Veja

## Missões terrestres

Programa Sputnik II e III

Korabl-Sputnik (1 a 5)

Programa Explorer (1 a 11)

Satélite A-Train

Satélite Grace

Satélite Aqua

Satélite CloudSat

Cosmic

KEO

Satélite Calipso

Satélite Aura

Satélite Themis

Satélite Aquarius (1994)

Space Technology 5

Cluster

Champ

GOCE

## Missões para a Lua

Sonda Luna (1958 – 1976)

Satélite LCross (2009)

Sonda Ranger (1961)

Sonda Surveyor (1966 - 1968)

Sonda Lunar Orbiter (1966/77)

Sonda Hietn-Hagomoro (1990 - 1993)

Programa Espacial Lunohold 1 e 2

Programa Espacial Zond (1 a 8)

Sonda Change'e 1 (2007 – 2009)

Sonda Change'e 2 (2010 – 2011)

Sonda Change'e 3 (2013)

Satélite Explorer 49

Satélite Explorer 35

Sonda Reconnaissance Orbiter (2009)

Módulo Lunar Altair (2005)

Satélite Pioneer 4

Satélite Pioneer 10

Explorer (1958 – 2007)

Sonda Clementine (1994)

Asiasat 3/HGS 1 (1995)

Sonda Prospector (1998 – 1999)

Smart-1 (2003 – 2006)

Lunar-A (2004 – 2007)

Selene (2007 – 2009)

Chandrayaan-1 (2008 – 2010)

Programa Ares (astronautas à Lua: previsão para 2020)

## Missões para Marte

Sonda Zond 2

Sonda Viking (1 e 2)

Veículo Explorador Spirit

Veículo Explorador Opportunity

Sonda Mars Reconnaissance Orbiter

Sonda Mariner (3 a 9)

Sonda Sputnik (22 e 24)

Sonda Marte (1 a 7)

Sonda Marte 1960 (A e B)

Sonda Marte 1969 (A e B)

Sonda Fobos-Grunt (fracassou em sair da órbita da Terra, novembro de 2011)

Sonda Kosmos 419

Sonda Mars Pathfinder

Sonda Mars Global Surveyor

Sonda Nozomi

Sonda Mars Odyssey

Sonda Mars Express

Sonda Phoenix

Sonda Curiosity

Sonda MAVEN

Sonda Mangayaan

## Missões para Júpiter

Sonda Galileo

Sonda Juno

Sonda Pioneer (10 e 11)

Sonda Voyager (1 e 2)

## Missões para Saturno

Sonda Pioneer 11

Sonda Voyager 1

Sonda Cassini

**Missão para Urano**

Sonda Voyager 2

**Missão para Netuno**

Sonda Voyager 2

**Missão para Plutão/Cinturão de Kuiper**

Sonda New Horizons

**Missões para Cometas e Asteroides**

| | |
|---|---|
| Sonda Deep Impact | Sonda Dawn |
| Sonda Hayabusa | Sonda Osiris/Rex |
| Sonda NEAR Shoemaker | Sonda Veja 1 |
| Sonda Deep Space 1 | Sonda ISEE-3/ICE |
| Sonda Sakigake | Sonda Giotto |
| Sonda Suisei | Sonda Rosetta |

**Missões para o Espaço Interplanetário**

Sonda Pioneer (5 a 9)

**Missões para fora do Sistema Solar**

| | |
|---|---|
| Sonda Pioneer (10 e 11) | Sonda Voyager (1 e 2) |

# Resumo da História da Astronomia
### (alguns dos principais fatos)

| Data | Descoberta |
| --- | --- |
| 4000 a.C. | Os povos da Mesopotâmia utilizavam os zigurates para realizar observações astronômicas. |
| 2500 a.C. | A estrutura de pedras Stonehenge foi construída para marcar o início e o fim dos solstícios. |
| 1300 a.C. | Os chineses iniciaram suas observações de eclipses, totalizando mais de 1700 observações ao longo de 2600 anos. |
| 750 a.C. | Os egípcios começam a utilizar o movimento do Sol para contar o tempo. Surgem os primeiros relógios de Sol. |
| 600 a.C. | O pesquisador grego Tales de Mileto calcula e consegue prever a chegada de um eclipse. |
| 560 a.C. | O filósofo grego Anaxímenes propôs que as estrelas estão fixas em um envoltório sólido que gira em torno da Terra. |
| 550 a.C. | Pitágoras e seus estudantes descreveram o movimento dos astros como formas circulares. |
| 350 a.C. | Aristóteles usou a sombra da Terra sobre a Lua, formada durante os eclipses, como argumento para justificar o formato esférico do planeta. |
| 350 a.C. | O matemático grego Eudoxo de Cnidos elabora o primeiro mapa astronômico. |
| 280 a.C. | Aristarco calculou as dimensões relativas do Sol, Lua e Terra. |
| 240 a.C. | O grego Eratóstenes faz o primeiro cálculo da circunferência do planeta Terra. |
| 134 a.C. | O filósofo grego Hiparco descobriu o movimento de precessão da Terra. |
| 140 d.C. | Cláudio Ptolomeu desenvolveu seu modelo geocêntrico do Sistema Solar. |
| 1054 | Astrônomos chineses observaram a "morte" de uma estrela. |
| 1472 | O astrônomo alemão Johann Müller elabora estudos sobre a órbita de um cometa. |
| 1543 | Nicolau Copérnico teve seu livro *"Da revolução das esferas celestes"*. |

| | |
|---|---|
| **1580** | Tycho Brahe realizou as mais precisas observações astronômicas a olho nu já feitas e elaborou o próprio modelo geocêntrico do Sistema Solar. |
| **1600** | Galileu Galilei realizou experimentos de queda livre dos corpos. |
| **1600** | Ocorre a execução (fogueira) de Giordano Bruno pela Santa Inquisição. |
| **1609** | Galileu foi o primeiro a utilizar os telescópios para observar o céu. |
| **1610** | Johannes Kepler desenvolveu as três leis dos movimentos planetários. |
| **1666** | O físico inglês Robert Hooke mostrou que forças que apontam para o centro de uma curva formam trajetórias fechadas, assim como as órbitas dos planetas. |
| **1667** | Isaac Newton desenvolveu a Gravitação Universal. |
| **1718** | Edmund Halley descobriu que as estrelas não são fixas. |
| **1781** | William Herschel descobriu o planeta Urano. |
| **1842** | Christian Johann descreveu o efeito Doppler. |
| **1845** | O irlandês William Parsons elabora o maior telescópio de sua época e descobre as primeiras galáxias espirais. |
| **1851** | Jean-Bernard-Leon Foucault comprova o movimento de rotação do planeta Terra. |
| **1862** | O físico sueco Anders Jonas Angströn descobre que o Sol contém hidrogênio em sua composição. |
| **1875** | Lorde Kelvin e Hermann Helmoltz realizaram uma estimativa da idade do Sol. |
| **1905** | Albert Einstein descreveu o Efeito fotoelétrico. |
| **1916** | Karl Schwarzschild descreveu os buracos negros como pequenas regiões do espaço deformadas por uma grande massa. |
| **1929** | Edwin Hubble descobriu que o Universo está em constante expansão. |
| **1957** | Lançado e colocado em órbita terrestre o primeiro satélite artificial (Sputnik). |
| **1957** | A cadela russa Laika foi o primeiro ser vivo a entrar em órbita do planeta Terra. |
| **1964** | Arno Penzias e Robert Wilson descobriram a existência da radiação cósmica de fundo, uma das evidências do surgimento do Universo. |

| | |
|---|---|
| **1965** | Lançamento da sonda espacial Mariner 4, a primeira a conseguir tirar fotos da superfície de outro planeta. Ela conseguiu obter imagens da superfície de Marte. |
| **1967** | O astrônomo inglês Anthony Hewish capta sinais de rádio do primeiro pulsar. |
| **1969** | Neil Armstrong e Edwin Aldrin foram as primeiras pessoas a pisar na superfície da Lua. |
| **1971** | O pesquisador canadense C.T. Bolt detecta a existência dos buracos negros que concentram a maior quantidade de matéria do Universo. |
| **1973** | As sondas Voyager 1 e 2 chegaram a Júpiter. |
| **1975** | O físico inglês Stephen Hawking conclui que um buraco negro pode evaporar, perdendo nesse processo uma pequena quantidade de massa. |
| **1987** | O astrônomo canadense Ian Shelton consegue a primeira supernova próxima da Terra. |
| **1990** | Lançado e colocado em órbita terrestre o telescópio espacial Hubble. |
| **1992** | O telescópio orbital Cobe consegue fotografar o brilho do *Big Bang*. |
| **1998** | Astrônomos japoneses descobriram que os neutrinos podem ter massa, sendo considerados fortes candidatos à matéria escura. |
| **1999** | Astrônomos comprovam que o Universo está se expandindo há 13 bilhões de anos. |
| **2001** | Com o auxílio de um detector de neutrinos, localizado no Canadá, um grupo de cientistas conseguiu provar que essas pequenas partículas apresentam massa. |
| **2002** | Primeiras evidências da presença de gelo na superfície de Marte. |
| **2006** | Marcos Pontes tornou-se o primeiro brasileiro a ir ao espaço sideral. |
| **2006** | Plutão deixa de ser considerado planeta e passa para a classificação de planeta anão. |
| **2014** | NASA anuncia a descoberta de um planeta muito parecido com a Terra. |
| **2017** | NASA anuncia a descoberta de quase 2 mil exoplanetas. |
| **2019** | NASA anuncia a possibilidade de que se tenha milhões de exoplanetas. Milhares deles semelhantes à Terra. |

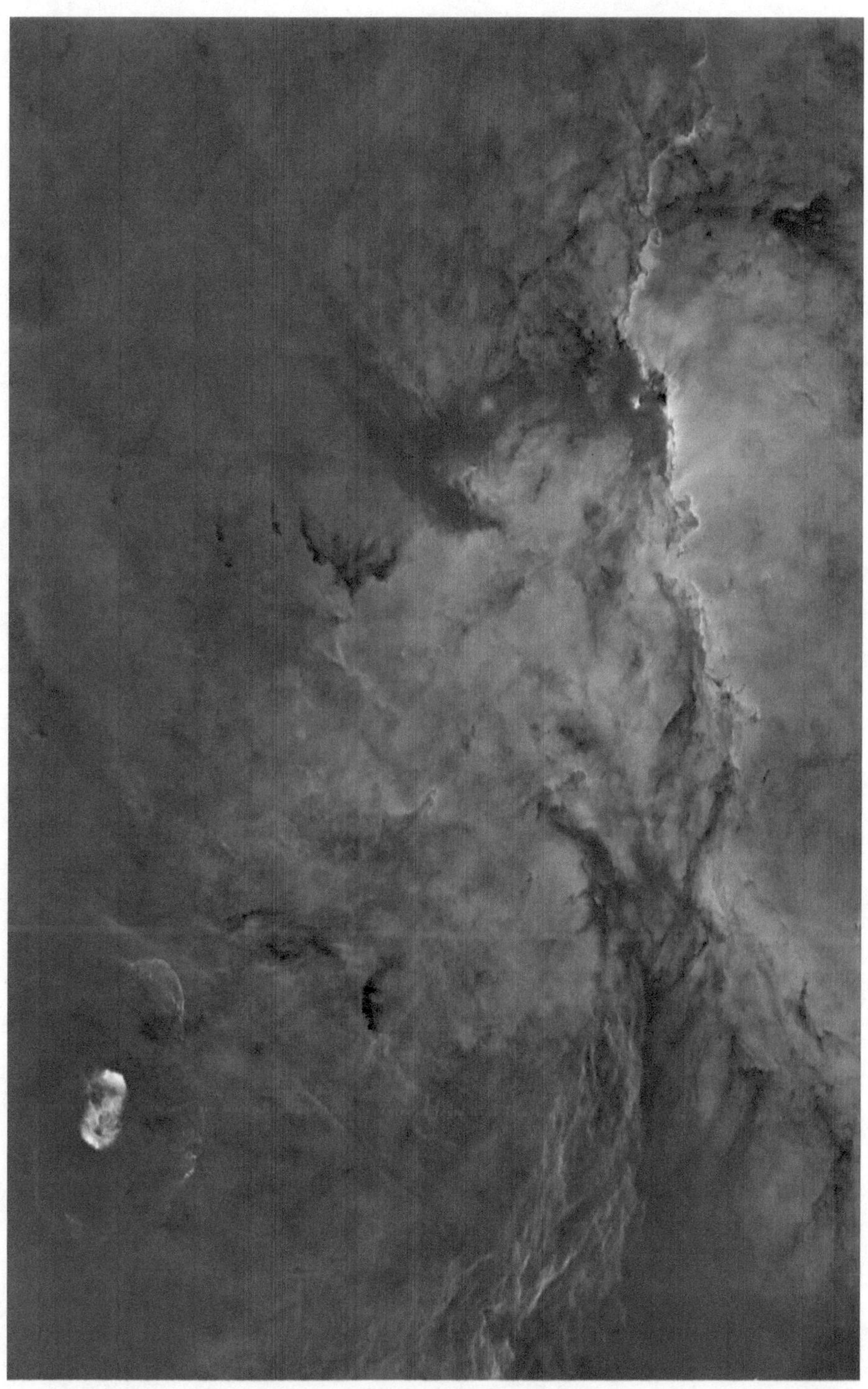

Dragões de Ara - Foto de Rafael Compassi

# Mensagem Final

Nossa turnê pela linha do tempo da astronomia está chegando ao fim. Retratamos algumas das inúmeras estações desta grande viagem. Mas isto não significa que os trilhos acabaram, que a jornada chegou ao fim, mas que tão somente estamos fazendo uma rápida parada, um breve *pit stop*. Viagem esta que começou há milhares de anos, lá na pré-história. A locomotiva propulsora do trem da vida é o desejo ardente do ser humano em buscar as suas origens e seu destino. Nossos ancestrais já o faziam. Não há como a roda da vida girar para trás.

Ainda estão bem vivas e ardentes as perguntas que teimam em não ter respostas claras: quem somos? De onde viemos? Para onde vamos? Não podemos parar em nossas limitações e nos dar por satisfeitos ou derrotados. No íntimo do ser humano reside um questionamento acerca da vida. Em contrapartida, enquanto houver cientistas, pesquisadores e aficionados que filosofem, estudem e pesquisem sobre o universo, haverá esperança de respostas mais contundentes. A bem da verdade, o homem sempre esteve e sempre se encontrará na busca do porquê e da razão do existir. É impossível não se emocionar quando se volve os olhos para o alto, em noites de céu aberto, contemplando este universo escancarado à nossa vista, nos falando com o seu silêncio e sua infinitude.

Há vida fora da Terra? Existe alguma forma inteligente neste vastidão do cosmos? Apenas 4% do universo é observável, pelo menos até os dias de hoje, por meio dos equipamentos ora desenvolvidos. Até onde se sabe, dentro deste raio de observação, ainda não se detectou vida e menos ainda vida inteligente. Por outro lado, podemos nos perguntar: por que haveria de ter vida, e vida inteligente, somente aqui neste *"pale blue dot"* (pálido ponto azul)? O que nos impede de pensar e aceitar que, entre milhões (ou bilhões!) de galáxias, com seus bilhões de estrelas, e estas com seus outros bilhões de possíveis planetas, a vida pudesse florescer? Pobre orgulho e ignomínia humana em pensar que somos os únicos seres viventes (e inteligentes?) na imensidão do mundo?

Caro leitor, esperamos que você tenha feito uma leitura gostosa e prazerosa dessa "breve história da astronomia". Nossos votos são de que tenhamos deixado uma contribuição, por mais simples que seja, a esta ciência a qual a todos fascina. A busca pelo conhecimento, pelo desconhecido, pelos estudos, é dinâmica. O ser humano jamais se dará por satisfeito com as respostas obtidas até qualquer momento presente que seja. Se respostas são obtidas, se esclarecimentos nos chegam ao discernimento e ao entendimento, podemos ter a certeza de que novas indagações, ainda maiores e mais complexas, irão se descortinar diante de nossos olhos. Neste aspecto, a astronomia tem nos deixado seu legado. Ao mesmo tempo em que nos dá a entender, parcialmente que seja, sobre nossa identidade, faz brotar novos pontos de interrogação.

Permita-nos, por ora, fechar as portas do trem da vida, vencer a inércia da locomotiva, e continuarmos nossa turnê sideral aos confins do universo. Até a próxima estação!

Gilberto de Melo Dumont
Luís André Lima

# Glossário

**Aberração cromática:** dispersão produzida por lentes que possuem diferentes índices de refração para diversos comprimentos de onda luminosa, provocando anéis coloridos em volta da imagem.

**Aberração esférica:** fenômeno da óptica geométrica em que os raios de luz incidentes próximos à borda das lentes são muito mais refratados do que os raios que incidem próximos ao eixo óptico e os raios de luz incidentes próximo das bordas dos espelhos são refletidos além do foco.

**Acre:** Antiga medida agrária, a qual equivale a 4042 metros quadrados.

**Aglomerado globular:** aglomerado estelar cujo formato aparente é esférico e cujo interior é muito denso e rico em estrelas antigas, podendo, inclusive, ter até um milhão de estrelas, mantidas juntas pela ação da gravidade.

**Anisotropia:** característica de um meio, ou de um material, em que certas propriedades físicas serão diferentes conforme as diferentes direções.

**Ano-luz:** Distância percorrida pela luz no espaço de tempo de um ano, o que corresponde a aproximadamente $9,46.10^{12}$ km, ou seja,  9,46 trilhões de km (9.460.000.000.000 km)

**Antimatéria:** É a extensão do conceito de antipartícula da matéria, por meio de que a antimatéria é composta de antipartículas da mesma maneira que matéria normal está composta das partículas subatômicas.

**Astrolábio:** O astrolábio é um instrumento naval antigo, usado para medir a altura dos astros acima do horizonte.

**Átomo primordial (primitivo) ou "ovo cósmico":** teoria de que toda a matéria do universo estava concentrada em um único átomo primordial que explodiu (Big Bang), dando origem às partículas elementares.

**Aurora boreal:** fenômeno óptico composto de um brilho observado nos céus noturnos nas regiões polares, em decorrência do impacto de partículas de vento solar com a alta atmosfera da Terra, canalizadas pelo campo magnético terrestre. Em latitudes do hemisfério norte é conhecida como aurora boreal.

**Barca Solar:** Era, na mitologia egípcia, um navio onde viajavam os deuses. Estas barcas eram representadas na arte de diferentes maneiras, conforme a divindade a elas associadas.

**Big Bang:** Teoria mais aceita sobre o surgimento do Universo, a qual diz que no início (tempo zero) toda a energia e massa do Universo estavam condensados em um pequeno ponto, em altíssimas temperatura e pressão; em seguida houve o Big Bang (grande explosão).

**Binárias espectroscópicas:** quando a natureza binária da estrela é conhecida pela variação de sua velocidade radial, medida através das linhas espectrais da estrela, que variam em comprimento de onda com o tempo.

**Buraco de minhoca:** Característica topológica hipotética do contínuo espaço-tempo, a qual é, em essência, um "atalho" através do espaço e do tempo. Um buraco de minhoca possui ao menos duas "bocas" conectadas a uma única "garganta" ou "tubo".

**Buraco branco:** objeto teórico, previsto pela teoria da relatividade, que funciona como um buraco negro de tempo-invertido. Como um buraco negro é uma região no espaço em que nada pode escapar, a versão tempo-invertida do buraco branco é uma região no espaço em que nada pode cair.

**Buraco negro:** região do espaço da qual nada, nem mesmo sua própria luz pode escapar, resultado da deformação da malha do espaço-tempo, causada após o colapso gravitacional de uma estrela, com uma matéria astronomicamente maciça e, ao mesmo tempo, infinitamente compacta.

**Cálculo diferencial e integral:** cálculo matemático mais complexo, no qual utiliza-se ferramentas como a derivada e a integral.

**Calendário Gregoriano:** Calendário promulgado pelo Papa Gregório XIII em 1582 e adotado por todos os países ocidentais. É também chamado de "calendário moderno", em substituição ao calendário Juliano, ou antigo.

**Campo gravitomagnético:** consiste no campo gravitacional de um campo magnético.

**Cefeidas:** Estrelas gigantes amarelas, de 4 a 15 vezes mais massivas e de 100 a 30 000 vezes mais brilhante que o Sol.

**CERN:** Sigla em inglês para Organização Europeia para a Pesquisa Nuclear, é o maior laboratório de física de partículas do mundo, localizado em Meyrin, na região em Genebra, na fronteira Franco-Suíça.

**Ceticismo:** É qualquer atitude de questionamento para o conhecimento, fatos, opiniões ou crenças estabelecidas como fatos. Filosoficamente, é a doutrina da qual a mente humana pode não atingir certeza alguma a respeito da verdade.

**Céu meridional:** qualificação que abrange tudo o que se refere a sul ou austral. Opõe-se a setentrional.

**Ciclo de Saros:** Surgiram na Babilônia e possuem 70 eclipses cada. Começando num dos polos da Terra, seguindo até ao outro. Os eclipses começam por ser parciais e, à medida que se aproximam da linha do Equador tornam-se totais.

**Círculo de Goseck:** É o mais antigo observatório solar da Europa Central e do mundo. Localiza-se em Goseck, no distrito de Weissenfels, no estado de Saxônia-Anhalt, na Alemanha.

**Clérigo:** Indivíduo que pertence à classe eclesiástica; aquele que recebeu todas ou algumas das ordens sacras.

**Constante cosmológica:** Foi proposta por Albert Einstein como uma modificação da teoria original da relatividade geral ao concluir um universo estacionário.

**Cromeleque dos Almendres:** Localiza-se na freguesia de Nossa Senhora de Guadalupe, no concelho de Évora, Distrito de Évora, em Portugal. Constitui-se num círculo de pedras pré-histórico com 95 monólitos de pedra.

**Divisão Cassini:** área escura que separa os anéis A e B de Saturno. Tem cerca de 5.000 km de largura e foi descoberta pelo astrônomo Giovanni Domenico Cassini.

**Dome (ou domo):** estrutura de formato hemisférico ou esferoide, que serve como cobertura para a proteção, também, de telescópios.

**Eclíptica:** projeção sobre a esfera celeste da trajetória aparente do Sol observada a partir da Terra.

**Efeito Fotoelétrico:** O efeito fotoelétrico é a emissão de elétrons por um material, geralmente metálico, quando exposto a uma radiação eletromagnética de frequência suficientemente alta, que depende do material, como por exemplo a radiação ultravioleta.

**Efemérides:** Em astronomia e navegação, uma efeméride é uma tabela astronômica em que, com intervalos de tempo regulares, registra-se a posição relativa de um astro.

**Elipse:** é um tipo de secção cônica: se uma superfície cônica é cortada com um plano que não passe pela base e que não intersecte as duas folhas do cone, a intersecção entre o cone e o plano é uma elipse.

**Emaranhamento:** fenômeno da mecânica quântica que permite que dois ou mais objetos estejam de alguma forma tão ligados que um objeto não possa ser corretamente descrito sem que a sua contraparte seja mencionada - mesmo que os objetos possam estar espacialmente separados por milhões de anos-luz.

**Energia Escura:** É uma forma hipotética de energia que estaria distribuída por todo espaço e tende a acelerar a expansão do Universo. A principal característica da energia escura é ter uma forte pressão negativa.

**Entropia:** Grandeza que mensura o grau de irreversibilidade de um sistema, encontrando-se geralmente associada ao que se denomina por "desordem" (não em senso comum) de um sistema termodinâmico.

**Epiciclo:** É um pequeno círculo formado por um astro em torno de um ponto imaginário, que descreve, a partir de seu novo ponto, um outro círculo.

**Equação de Drake:** é um argumento probabilístico usado para estimar o número de civilizações extraterrestres ativas em nossa galáxia Via Láctea com as quais poderíamos ter chances de estabelecer comunicação.

**Equilíbrio hidrostático:** Conceito da mecânica dos fluidos significando um balanço entre o campo gravitacional e o gradiente de pressão.

**Equinócio:** A palavra equinócio vem do latim, *aequus* (igual) e *nox* (noite), e significa «noites iguais»; ocasiões em que o dia e a noite duram o mesmo tempo, o que ocorre em março e setembro.

**Errante:** que não apresenta uma trajetória estabelecida, apresentando variações (oscilações) em seu movimento.

**ESA:** *Sigla em inglês para European Space Agency.* É uma organização intergovernamental dedicada à exploração do espaço, com 22 Estados-membros. Foi fundada em 1975 e sua sede é em Paris.

**Escola Jônica:** Primeira escola do período naturalista, preocupando-se os seus componentes com achar a substância única, a causa, o princípio do mundo natural, vário, múltiplo e mutável. Seus pensadores são Tales de Mileto, Anaximandro de Mileto, Anaxímenes de Mileto e Heráclito de Éfeso.

**Espectro Eletromagnético:** É uma escala de radiações eletromagnéticas. Nele estão representados os 7 tipos de ondas eletromagnéticas: ondas de rádio, micro-ondas, infravermelho, luz visível, ultravioleta, raios x e raios gama.

**Espectrógrafo:** instrumento que dispersa a luz de um objeto em seus comprimentos de onda componentes para que possa ser analisado e registrado por meio de uma fotografia.

**Estrela de nêutrons (ou neutrões):** Núcleo colapsado de uma grande estrela que, antes do colapso, teria tido um total de entre 10 e 29 massas solares. As estrelas de nêutrons são as menores e mais densas estrelas que se tem conhecimento.

**Estrela errante:** O nome planeta vem do grego e quer dizer "estrela errante". Os antigos entendiam que se tratava de corpos peculiares pois eles vagueavam por entre as estrelas fixas em uma região chamada eclíptica, que contém as constelações do zodíaco.

**Exobiologia:** Também chamada de astrobiologia, exopaleontologia, bioastronomia e xenobiologia, é o estudo da origem, evolução, distribuição, e o futuro da vida no Universo. Ou seja, é o estudo das origens, evolução, distribuição e futuro da vida em um contexto cósmico.

**Exoplanetas:** Planetas que se situam fora do nosso Sistema Solar.

**Expansão isotrópica:** Significa que o universo se expandiu por igual em todos as direções.

**Fast Fourier (também chamada de "transformadas rápidas de Fourier"):** cálculos matemáticos complexos de grande importância em uma vasta gama de aplicações, de processamento digital de sinais para a resolução de equações diferenciais parciais a algoritmos para multiplicação de grandes inteiros.

**Física clássica:** Tudo o que foi descoberto e difundido no ramo da física até o fim do século XIX é considerado parte da física clássica, englobando a mecânica clássica, as leis de Newton, a termodinâmica clássica e o eletromagnetismo.

**Fotometria** estelar: é a medida da luz proveniente de um objeto (estrela).

**Geocêntrica:** O modelo geocêntrico ou o geocentrismo é o modelo mais antigo de configuração do Sistema Solar. Essa ideia remonta desde a Antiguidade. Segundo o modelo, a Terra era o centro do Universo, com todos os planetas e o Sol girando ao seu redor.

**Geodesia:** subdivisão da geofísica que se ocupa da determinação das dimensões e forma da Terra, seu campo gravitacional, locação de pontos fixos e sistemas de coordenadas, ou de uma parte de sua superfície.

**Geodésico/Geodesista:** relativo a ou ligado à geodesia.

**Grande depressão:** Também conhecida como Crise de 1929, foi uma grande depressão econômica que teve início em 1929, e que persistiu ao longo da década de 1930, terminando apenas com a Segunda Guerra Mundial. É considerada o pior e o mais longo período de recessão econômica do século XX.

**Grande mancha vermelha (Júpiter):**

enorme anticiclone da atmosfera de Júpiter, de forma oval e coloração em tons de vermelho; é uma das características mais distintivas do planeta e corresponde a uma tempestade de grandes dimensões e com carácter mais ou menos permanente. É a maior tempestade existente no Sistema Solar e seu tamanho já foi grande o suficiente (de leste-oeste) para abranger mais de duas vezes o diâmetro da Terra.

**Grandes descobertas:** designação dada ao período da história que decorreu entre o século XV e o início do século XVII, durante o qual, inicialmente, portugueses, depois espanhóis e, posteriormente, alguns países europeus exploraram intensivamente o globo terrestre em busca de novas rotas de comércio.

**Gravitação quântica:** É o campo da física teórica que desenvolve modelos físico-matemáticos específicos, no propósito de contribuir para a unificação da mecânica quântica com a relatividade geral.

**Gravitação universal:** força fundamental de atração que age entre todos os objetos por causa de suas massas.

**Halo:** região do espaço ao redor dos astros celestes, incluindo as galáxias.

**Heliocentrismo:** É o nome do modelo estrutural cosmológico que coloca o Sol no centro do universo. Opõe-se ao geocentrismo, que colocava a Terra no centro do universo.

**Inércia:** Propriedade geral da matéria. Considere um corpo não submetido à ação de forças ou submetido a um conjunto de forças de resultante nula; nesta condição esse corpo não sofre variação de velocidade.

**Inflação (do Universo):** teoria, proposta inicialmente por Alan Guth (1981), que postula que o universo, no seu momento inicial, passou por uma fase de crescimento exponencial. De acordo com a teoria, a inflação foi produzida por uma densidade de energia do vácuo negativa ou uma espécie de força gravitacional repulsiva.

**Interferometria:** Consiste em combinar a luz proveniente de diferentes receptores, telescópios ou antenas de rádio para obter uma imagem de maior resolução.

**Isotrópico:** que possui propriedades físicas que são independentes da direção (diz-se de um meio); propriedades físicas constantes, independentemente da direção cristalográfica considerada.

**Jet Propulsion Laboratory:** centro tecnológico de pesquisa norte-americano, responsável pelo desenvolvimento e manuseamento de sondas espaciais não tripuladas para a National Aeronautics and Space Administration.

**Lei fundamental da gravidade:** postulada por Isaac Newton, a qual diz que "dois corpos atraem-se com força proporcional às suas massas e inversamente proporcional ao quadrado da distância que os separa".

**LHC:** Sigla em inglês para *Large Hadron Collider* (ou Grande Colisor de Hádrons), da Organização Europeia para a Pesquisa Nuclear. É o maior acelerador de partículas e o de maior energia existente do mundo. Está situado na divisa entre a França e a Suíça.

**LIGO:** sigla em inglês para Observatório de Ondas Gravitacionais por Interferômetro Laser.

**Luz zodiacal:** feixe de luz fraca, quase triangular, visto no céu noturno e que se estende ao longo do plano da eclíptica, onde estão as constelações do Zodíaco.

**Magnitude (de um astro celeste):** grau de intensidade luminosa de um astro; escala logarítmica do brilho de um corpo celeste.

**Mancha vermelha (Júpiter):** enorme anticiclone da atmosfera de Júpiter. Tempestade de grandes dimensões – relativos a aproximadamente dois planetas Terra - e com carácter mais ou menos permanente.

**Matéria Escura:** É uma forma postulada de matéria que não interage com a matéria comum, nem consigo mesma.

**Mecânica clássica (ou Newtoniana):** aplicada a corpos e/ou objetos cujos movimentos não são nem quânticos nem relativísticos.

**Mecânica quântica:** princípios da Física aplicados a partículas subatômicas.

**Mecânica relativística:** desenvolvida por Einstein; é aplicada a corpos e/ou partículas que se movem em altas velocidades, próximas à da luz ou em frações desta.

**Megalíticos:** Monumento megalítico, ou megálito, designa uma construção monumental com base em grandes blocos de pedras rudes.

**Megaparsec:** Um parsec corresponde a distância de 3,26 anos-luz. Megaparsec é um milhão de vezes essa distância.

**Menires:** Menir, também denominado perafita, é um monumento pré-histórico de pedra, cravado verticalmente no solo, às vezes de tamanho bem elevado.

**Microquasares:** São versões pequenas dos quasares; é um objeto galáctico, uma réplica em pequena escala dos quasares. (Ver "quasares")

**Miller Research Fellows:** Programa para Pesquisa Básica em Ciências no campus da Universidade da Califórnia, em Berkeley.

**NASA:** Sigla em inglês para *National Aeronautics and Space Administration*. É uma agência do Governo Federal dos Estados Unidos responsável pela pesquisa e desenvolvimento de tecnologias e programas de exploração espacial.

**Nebulosa:** nuvens de matéria interestelar (poeira, hidrogênio, hélio e plasma); região de formação das estrelas.

**Nuvens de Magalhães:** duas galáxias satélites anãs irregulares da nossa galáxia (Via Láctea); ambas são visíveis a olho nu e apenas no Hemisfério Sul.

**Objeto estelar fraco:** Corpo (ou astro) celeste de alta magnitude, ou seja, de muito pouco brilho, o qual só se pode ser detectado por meio de potentes telescópios.

**Ocular:** sistema de lentes empregado a fim de observar a imagem formada pela objetiva do telescópio; funciona como uma espécie de lupa.

**Ondas gravitacionais:** Ondulações na curvatura do espaço-tempo que se propagam como ondas, viajando para o exterior a partir da fonte.

**Óptica adaptativa:** tecnologia usada para melhorar a performance de sistemas ópticos, em telescópios astronômicos e sistemas de comunicação a laser para remover os efeitos de distorção atmosférica

**Óptica ativa:** tecnologia, empregada em telescópios refletores, cujo objetivo é corrigir as pequenas deformações causadas no espelho primário pela força da gravidade, efeitos da temperatura e perturbações mecânicas.

**Oráculo de Delphi (ou Delfos):** Embora estejam atualmente em ruínas, os templos e casas fortes que um dia abrigaram os sacerdotes e sacerdotisas do Oráculo de Delfos, localizado na cidade de Delfos, região central da Grécia, há cerca de 2500 anos, foi uma das mais influentes e poderosas instituições do mundo grego antigo.

**Órion:** É uma das 88 constelações modernas. Está localizada no equador celeste e, por este motivo, é visível em praticamente todas as regiões habitadas da Terra.

**Ovo cósmico:** ver "átomo primordial".

**Padrão de Harvard:** classes que indicam a temperatura da atmosfera das estrelas.

**Países baixos:** mais conhecido como Holanda (sua principal província), está localizado no noroeste do continente europeu; essa nação possui quase metade do território com altitudes inferiores ao nível do oceano.

**Paralaxe:** é a diferença na posição aparente de um objeto visto por observadores em locais distintos; paralaxe estelar é utilizada para medir a distância das estrelas utilizando o movimento da Terra em sua órbita.

**Periélio:** é o ponto da órbita de um corpo celeste (planeta, planeta-anão, asteroide ou cometa) que está mais próximo do Sol; quando um corpo se encontra no periélio, ele tem a maior velocidade de translação de toda a sua órbita; é o oposto do afélio.

**Período:** tempo gasto para que se complete um ciclo/rotação/volta completa.

**Pinhole gnomon:** é a parte de um relógio de sol que lança uma a no chão.

**Plêiades:** As Plêiades, conhecidas popularmente como sete-estrelo e sete-cabrinhas, são um grupo de estrelas na constelação do Touro.

**Polo norte celeste:** Ponto em que o prolongamento do eixo de rotação da Terra intercepta a esfera celeste, no hemisfério norte. No hemisfério Sul ocorre o oposto.

**Ponto Vernal:** ponto da esfera celeste determinado pela posição do sol quando esse, movendo-se pela eclíptica, cruza o equador celeste - em proximidade ou no dia 21 de março - determinando o equinócio de primavera para o hemisfério norte e o de outono para o hemisfério sul.

**Precessão (dos equinócios):** também conhecida como **"precessão da Terra"** ou **"o grande dia"**, é um dos vários movimentos que a Terra realiza. Isso ocorre graças ao fato de a Terra realizar o seu movimento de rotação de forma inclinada, o que provoca que, a cada 25.770 anos, ela complete uma volta em torno do eixo de sua eclíptica. Recebe esse nome porque tem a capacidade de antecipar ou *preceder* os equinócios.

**Princípio de Mach:** Princípio segundo o qual a inércia de qualquer corpo é devida a sua interação com os corpos distantes do universo.

**Projeto Apollo:** Também conhecido como Programa Apollo, foi um conjunto de missões espaciais coordenadas pela NASA, entre 1961 e 1972, com o objetivo de colocar o homem na Lua.

**Projeto SETI:** Sigla em inglês para Search for Extra-Terrestrial Intelligence (Busca por Inteligência Extraterrestre). O objetivo deste projeto é o de analisar sinais de rádio captados por radiotelescópios terrestres em busca por alguma forma de vida inteligente no universo.

**Pulsares:** Estrelas de nêutrons que, em virtude de seu intenso campo magnético (da ordem de $10^8$ T), transformam a energia rotacional em energia eletromagnética. A medida que o pulsar gira, seu intenso campo magnético induz um enorme campo elétrico na sua superfície.

**Quadrante solar:** instrumento utilizado para medir o tempo, que se baseia nas mudanças de posição da sombra do Sol durante o dia.

**Quasares:** Objetos extremamente distantes em nosso universo conhecido, com massas infinitamente brilhantes de energia e luz as quais emitem ondas de rádio e de raios-x.

**Quatérnios (teoria dos):** álgebra matemática que é uma extensão dos números complexos, os quais admitem a raíz quadrada de números negativos.

**Radiação cósmica de fundo:** forma de radiação eletromagnética, caracterizada por apresentar um espectro térmico de corpo negro com intensidade máxima na faixa de micro-ondas; é o fóssil da luz, resultante de uma época em que o Universo era quente e denso, apenas 380 mil anos após o *Big Bang*.

**Radioastronomia:** Ramo da astronomia que estuda as radiações eletromagnéticas emitidas ou refletidas pelos corpos celestes. A recepção destas radiações é feita por intermédio de radiotelescópios.

**Referenciais inerciais:** referenciais os quais estavam, em relação ao outro, ou parados ou em velocidade constante.

**Regiões interiores (do Sistema Solar):** região compreendida pelos quatro planetas mais próximos do Sol: Mercúrio, Vênus, Terra e Marte.

**Retrogradação:** porção do movimento aparente de um planeta, no curso do qual sua longitude se mostra decrescente, dando a impressão de que ele "gira para trás".

**Rotação diferencial:** ocorre quando, em um objeto em rotação, as diferentes partes do mesmo se movem com velocidades angulares diferentes.

**Royal Academy:** Academia Real Britânica, fundada em 1768.

**Sextante:** Instrumento óptico de reflexão, cujo limbo graduado ocupa a sexta parte do círculo (60 graus) e que permite medir, a bordo de um navio ou de uma aeronave, a altura dos astros e suas distâncias angulares, não obstante a instabilidade do observador.

**Singularidade:** Uma singularidade gravitacional é, aproximadamente, um ponto do espaço-tempo no qual a massa, associada com sua densidade, e a curvatura do espaço-tempo de um corpo são infinitas.

**Sistema solar exterior:** conjunto formado pelos planetas gasosos: Júpiter, Saturno, Urano e Netuno.

**SOAR:** Abreviatura de *Southern Observatory for Astronomical Research*. Projeto no qual o Brasil é parceiro para construir e operar um telescópio com abertura de 4,2 metros, no Chile.

**Solstício:** Consiste no instante em que o Sol atinge maior declinação em latitude em relação à linha do Equador, fato que provoca maior intensidade de radiação solar em um dos hemisférios, caracterizando o solstício de verão (dia maior que a noite). Nesse momento, o outro hemisfério estará em solstício de inverno (quando a noite é maior que o dia).

**Supernova:** evento astronômico que ocorre durante os estágios finais da evolução de algumas estrelas, que é caracterizado por uma explosão muito brilhante.

**Telescópio refrator:** equipamento no qual se usa lentes, e não espelhos.

**Telescópio refletor:** equipamento no qual se usa espelhos, e não lentes.

**Teoria da relatividade especial (ou restrita):** publicada por Albert Einstein (1905), descreve a física do movimento na ausência de campos gravitacionais.

**Teoria da relatividade geral:** junção de dois estudos de Einstein: Teoria da Relatividade Restrita (1905) e a teoria da relatividade geral (1915).

**Teoria das cordas:** Modelo físico matemático onde os blocos fundamentais são objetos extensos unidimensionais, semelhantes a uma corda, e não pontos sem dimensão (partículas), que são a base da física tradicional.

**Teoria de tudo (ou teoria do todo):** teoria científica hipotética que unificaria, procuraria explicar e conectar em uma só estrutura teórica, todos os fenômenos físicos (juntando a mecânica quântica e a relatividade geral) num único tratamento teórico e matemático.

**Teoria do campo unificado:** Tipo de teoria de campo que permite que todas as forças fundamentais entre partículas elementares sejam descritas em termos de um único campo. Este termo foi criado por Albert Einstein.

**Transformação de Fourier:** artifício matemático de grande importância em uma vasta gama de aplicações: processamento digital de sinais, resolução de equações diferenciais parciais, algoritmos para multiplicação de grandes inteiros, etc.

**Triângulo retângulo:** triângulo no qual um de seus ângulos internos é de 90°.

**Universo Aristotélico:** Aristóteles dizia que o planeta Terra está localizado no centro do Universo e que os céus tinham seus movimentos imutáveis.

**Universo estacionário:** teoria do estado estacionário (ou modelo do estado estacionário) foi elaborada em 1948 por Fred Hoyle, Thomas Gold e Hermann Bondi como alternativa ao modelo do *Big Bang*.

**Universo-ilha:** nomenclatura antiga; é hoje o que conhecemos por galáxia.

**Ursa Maior:** também conhecida por Ursa Major, é uma das constelações mais conhecidas do hemisfério norte celeste. É uma constelação grande e com estrelas razoavelmente brilhantes.

**Vela padrão:** objeto astronômico que possui uma luminosidade conhecida. Diversos métodos importantes permitindo determinar as distâncias em astronomia extragaláctica e em cosmologia baseiam-se nas velas padrão.

**Velocidade da luz (c):** equivale à velocidade de 300.000 km/s (quilômetros por segundo).

**Velocidade de revolução (ou rotacional):** grandeza física que indica o quão rápido um dispositivo (no caso, um planeta) gira em torno do seu próprio eixo.

**Very Large Array (VLA):** Observatório de radioastronomia localizado na Planície de San Agustin, no Novo México, Estados Unidos.

**Voyager Golden Record:** discos fonográficos que estão a bordo de ambas as naves Voyager. Eles contêm sons e imagens selecionados como amostra da diversidade de vida e culturas da Terra e são dirigidos a qualquer forma de vida extraterrestre (ou seres humanos do futuro distante) que os encontrem.

**Zênite:** ponto da esfera celeste que se situa na vertical do observador, sobre a cabeça do observador.

# Bibliografia


arqueologiamericana.com.br/artigos/artigo_09.htm. Acesso em 18 nov 2017.

astro.if.ufrgs.br/astrologia.htm. Astrologia não é Ciência. *Acesso em 05 nov 2017.*

astro.if.ufrgs.br/telesc/node2.htm. Acesso em 12 abr 2018.

astro.if.ufrgs.br/telesc/node3.htm. Acesso em 12 mai 2019.

bbc.com/portuguese/geral-41279743. Acesso em 15 dez 2018.

britannica.com/biography/Gian-Domenico-Cassini. Acesso em 08 set 2018.

britannica.com/biography/Edmond-Halley. Acesso em 11 set 2018.

britannica.com/biography/Harlow-Shapley. Acesso em 08 set 2018.

britannica.com/biography/Isaac-Newton. Acesso em 14 mai 2017.

ccvalg.pt/astronomia/historia/idade_media.htm. Acesso em 13 fev 2019.

cdcc.usp.br/cda/sessao-astronomia/seculoxx/textos/os-grandes-desafios-para-o-seculo-xxi.htm. Acesso em 18 nov 2018.

cdcc.usp.br/cda/sessao-astronomia/seculoxx/textos/os-grandes-intrumentos.htm. Acesso em 18 nov 2018.

CLARET, Martin E. **O pensamento vivo de Einstein**. 5.ed. São Paulo: Martin Claret Editores, 1986.

**Coleção Explorando o ensino.** Acesso em 22 dez 2017.

Colegioweb.com.br/fisica/o-que-e-buraco-de-minhoca.html. Acesso em 07 jul 2018.

Costa, J. R. V. **Hiparco. Astronomia no Zênite**, jan 2006. Disponível em: http://www.zenite.nu/hiparco/. Acesso em 17 set 2018.

coursehero.com/file/p3u780m/1908-1912-Henrietta-Swann-Leavitt-discovers-that-Cepheid-Variable-Stars-can-be/. Acesso em 11 set 2018.

dw.com/pt-br/os-cinco-maiores-telesc%C3%B3pios-terrestres-de-observa%C3%A7%C3%A3o/a-16319559. Acess em 14 jun 2019.

ebiografia.com/albert_einstein/. Acesso em 07 jul 2018.

ebiografia.com/isaac_newton/ . Acesso em 07 jul 2018.

educacao.uol.com.br/biografias/albert-einstein.htm. Acesso em 06 jul 2018.

en.wikipedia.org/wiki/Harlow_Shapley. Acesso em 10 set 2018.

fisicareal.com/newton1b.doc. Acesso em 05 ago 2018.

GLEISER, Marcelo. **Criação Imperfeita**.10.ed. Rio de Janeiro: Editora Record Lta, 2016.

HALLIDAY, RESNICK, WALKER. **Fundamentos de Física**. v1. 6.ed. Rio de Janeiro: LTC, 2002.

HALPERN, Paul. **Fronteiras do Universo**. 1.ed. São Paulo: Editora Pensamento-cultrix, 2015.

HAWKING, Stephen W. **Uma Breve História do Tempo**. 2.ed.Rio de Janeiro: Rocco,1988

histedbr.fe.unicamp.br/navegando/glossario/verb_b_aristarco_de_samos. htm. Acesso em 27 ago 2018.

homes.dcc.ufba.br/~frieda/mat061/projetomeiodia/hiparco.html. Acesso em 17 set 2018.

if.ufrgs.br/tex/fis01043/20042/felipe/historia.html. Acesso em 17 ago 2018.

infoescola.com/biografias/isaac-newton/. Acesso em 15 nov 2017.

knowth.com/newgrange.htm. Acesso em 11 nov 2017.

Leber, Werner S. **Diferenças entre a física aristotélico-ptolomaica e a concepção moderno-renascentista: algumas considerações elementares.** Disponível em https://www.webartigos.com/artigos/. Acesso em 25 set 2018.

MARTINS, Roberto A. **O Universo**.2.ed. São Paulo: Editora Livraria da Física, 2012.

mundoeducacao.bol.uol.com.br/fisica/lei-hubble.htm. Acesso em 28 mar 2018.

mundoeducacao.bol.uol.com.br/fisica/radiotelescopios.htm. Acesso em 18 jun 2019.

mythicalireland.com/ancientsites/newgrange/. Acesso em 11 nov 2017.

observatorio.ufmg.br/Pas90.htm. Acesso em 18 nov 2017.

observatorio.ufmg.br/Pas77.htm. Acesso em 18 nov 2017.

observatorio.ufmg.br/pas16.htm. Acesso em 18 nov 2017.

PANEK, Richard. **De que é feito o Universo**.1.ed. Rio de Janeiro: Jorge Zaar Editor, 2014.

pensador.com/autor/isaac_newton/. Acesso em 09 jun 2018.

publico.pt/2010/11/18/jornal/tumulo-de-tycho-brahe-foi-aberto-foi-o-mercurio-que-matou-o-astronomo-20637167. Acesso em 12 dez 2018.

revistagalileu.globo.com/Ciencia/noticia/2017/04/sonda-cassini-realiza-ultimo-voo-rasante-em-lua-de-saturno.html. Acesso em 20 dez 2017.

somatematica.com.br/biograf/kepler.php/"*Johannes Kepler*". **Virtuous Tecnologia da Informação, 1998-2019**. *Acesso em 14 jan 2019.*

super.abril.com.br/historia/edwin-hubble/. Acesso em 29 jul 2018.

super.abril.com.br/blog/superlistas/4-desafios-para-a-astronomia-no-seculo-21/. Acesso em 29 jul 2018.

techtudo.com.br/noticias/noticia/2012/11/saiba-como-funciona-o-radiotelescopio-usado-para-estudar-o-universo.html. Acesso em 12 jan 2019.
TYSON, Neil G. Origens. 10.ed. São Paulo: Editora Planeta do Brasil, 2017.
ufcg.edu.br/prt_ufcg/assessoria_imprensa/mostra_noticia.php?codigo=4364. Acesso em 18 nov 2017.
universoobservado.blogspot.com.br/2013/01/a-historia-da-astronomia-albert-einstein.html. Acesso em 08 ago 2018.

wikipedia.org/wiki/Newgrange. Acesso em 10 jan 2019.

wikipedia.org./wiki/Stonehenge. Acesso em 10 jan 2019.

youtube.com/watch?v=UnSA27a00To&t=9s. Einstein Documentário. Acesso em 25 jul 2018.

youtube.com/watch?v=LWMOzNQl268. **Newton: o maior gênio da história.** Acesso em 25 jul 2018.

zenite.nu/eratostenes-e-a-circunferencia-da-terra/. Acesso em 13 set 2018.